潜意识
入门

千海 编著

中国纺织出版社有限公司

内 容 提 要

潜意识是指人类心理活动中不能被认知或没有被认知到的部分，潜意识释放的能量决定了你人生的高度。了解并剖析人类的潜意识，能帮助我们解锁自己的潜能，重塑优秀的自我。

本书从心理学的角度出发，注重理论与实践的结合，深入浅出地展示了潜意识的巨大作用，并借用大量通俗易懂的案例，向读者阐述潜意识转化为具体事物的过程。本书旨在帮助读者开启深层次的潜能，进而揭开"心想事成"的秘密。

图书在版编目（CIP）数据

潜意识入门／千海编著．－－北京：中国纺织出版社有限公司，2024.6
ISBN 978-7-5229-1542-5

Ⅰ.①潜⋯　Ⅱ.①千⋯　Ⅲ.①下意识—心理学—通俗读物　Ⅳ.①B842.7-49

中国国家版本馆CIP数据核字（2024）第060998号

责任编辑：林　启　　责任校对：高　涵　　责任印制：储志伟

中国纺织出版社有限公司出版发行
地址：北京市朝阳区百子湾东里A407号楼　邮政编码：100124
销售电话：010—67004422　　传真：010—87155801
http://www.c-textilep.com
中国纺织出版社天猫旗舰店
官方微博 http://weibo.com/2119887771
天津千鹤文化传播有限公司印刷　各地新华书店经销
2024年6月第1版第1次印刷
开本：880×1230　1/32　印张：7.25
字数：116千字　定价：49.80元

凡购本书，如有缺页、倒页、脱页，由本社图书营销中心调换

前言

不知道忙碌的你可曾停下脚步问过自己这样的问题：你快乐吗？你幸福吗？你每天都会发自内心地微笑吗？对当下的生活状态满意吗？当然，我们每个人都希望答案是肯定的，然而，事实上并非如此。那么，人们为什么不满意自己的现状呢？

在回答这些问题之前，你可以先问自己一些问题：你是不是悲观的人？是不是觉得自己痛苦又贫穷？是不是经常被焦虑纠缠？是不是对未来毫无信心？有一些人，他们快乐、积极，他们的人生阳光灿烂。你知道为什么会有这样的区别吗？其实，所有的疑问都指向同一个答案：潜意识。

大量的研究都证明一点：人生成败的关键就在于人的心智功能发挥得如何。其实，人类心理结构中，潜意识的力量比显意识大得多，正如安东尼·罗宾曾说的："人类所有的改变都是潜意识上的改变。"

那么，什么是潜意识呢？

心理学家认为，潜意识是指人类心理活动中不能被认知或没有被认知到的部分，是人们"已经发生但并未达到意识层面的心理活动过程"。弗洛伊德又将潜意识分为前意识和无意识两个部分,有的又译为前意识和潜意识。

在心理学上,心智被划为两个部分,一个是显意识,一个是潜意识,前者是能被察觉到的,而后者是人们察觉不到的。

例如,对于我们日常的活动,我们知道为什么自己会做某件事,能够清楚地意识到自己内心的活动,这就是显意识的部分。除此之外的情况下,起作用的就是潜意识。

当然,一些专业人士还分出其他的部分,但对我们来说,我们不需要分析那么复杂的理论,只需要了解显意识和潜意识。

人的潜意识就像一个智慧宝库,正在等着我们去挖掘和利用,一旦我们开启这座宝库的大门,我们的人生就会发生彻底的改变。正所谓思想决定行为,行为决定习惯,习惯决定命运。一个人在潜意识里把自己想象成什么样,他就会变成什么样。然而,正如潜意识不被我们认识、具有隐匿性以外,很多人终其一生都未曾看到或利用过潜意识的作用。

本书是一本心灵指导用书,它将理论与实际相结合,并从生活中的方方面面入手,用最简单便捷的方式,帮助我们对人心灵深处的潜意识进行深层次的挖掘与分析,并指导我们开发潜意识蕴藏的巨大能量。阅读完本书，你会发现，只要运用潜意识，你就获得了一股崭新的力量，它能带你摆脱自卑，远离痛苦、贫穷和失败，从而获得幸福。

编著者

2023年10月

目录

第 1 章
潜意识与人际：社交场上迎合人心就能斩获好人缘 \ 001

  满足他人以自我为中心的愿望 \ 003
  人的潜意识中都希望被尊重 \ 006
  "抬高"他人，人人都有虚荣心 \ 010
  想获得他人认可，先要表达认同和赞赏 \ 014
  表达重视，满足对方的潜意识需求 \ 017
  伸手不打笑脸人，微笑能提升你的亲和力 \ 022

第 2 章
潜意识与微动作：从微动作探究他人真实内心 \ 027

  从嘴巴的动态看他人内心世界 \ 029
  不同笑容背后的含义，你知道多少 \ 033
  眼为心门，从他人眼神判断其真实内心 \ 037
  用打招呼的方式了解人的性格特点 \ 041
  观察微动作，判断他人是否在撒谎 \ 045
  小小名片展示出来的信息密码 \ 049

第 3 章
潜意识与成功：在心中建立成功的信念 \ 053

目标明确，也要制订详尽的计划 \ 055
尽早发现应该为之奋斗一生的目标 \ 058
如何从潜意识中消除恐惧心理 \ 061
唤醒内在力量，为自己插上成功的翅膀 \ 065
任何一个目标，唯有坚持下来才有意义 \ 067

第 4 章
激发潜意识，挖掘潜在力量让自己更强大 \ 069

积聚自我价值，提升自信 \ 070
不断鼓励自己，会让你越来越自信 \ 074
积极地改变并利用自己的潜意识能量 \ 078
肯定自我，从潜意识改变自己 \ 081
潜意识背后蕴藏了巨大的力量 \ 083
积极的自我暗示，是提升自信的良方 \ 086

第 5 章
潜意识与心态转换：让潜意识帮你选择积极心态 \ 091

无论发生什么，都要笑对人生 \ 093
修剪你的欲望，享受简单的快乐 \ 096
你快乐或悲伤，都取决于潜意识的选择 \ 098
凡事多往好处想一想 \ 101

调整潜意识，"装"出你的好心情 \ 104

第 6 章
认识潜意识，了解人类心灵的工作原理 \ 109

潜意识与显意识有何区别 \ 111

人的潜意识是如何工作的 \ 115

人类的一切行为都产于潜意识 \ 119

潜意识从何处产生 \ 122

人生的高度如何取决于潜意识释放能量的多少 \ 126

第 7 章
潜意识与人生：人生安宁的本源在于潜意识 \ 131

问问自己，你真正热爱什么 \ 133

睡眠质量差，如何从潜意识调节 \ 135

积极的自我暗示，让你的内心获得力量 \ 139

从潜意识调节，获得人生的安宁 \ 143

放过自己，别跟自己较劲 \ 146

幸福才是人生的终极目标 \ 151

第 8 章
潜意识与婚恋：运用潜意识经营爱情与婚姻 \ 155

敞开心扉沟通，亲密关系才能和谐 \ 157

爱情中为何越是被阻挠，关系越亲密 \ 161

男女潜意识中的异性符号你知道多少 \ 165
婚姻的长久必须建立在理解和包容的前提下 \ 170
求同存异，包容是最高层次的爱 \ 174

第 9 章
潜意识与正能量：别让负能量占据你的内心 \ 179

原谅自己，才能重新开启人生 \ 181
防微杜渐，不给虚荣心滋生的机会 \ 185
大胆去做，摒弃"不可能"的意识 \ 188
用正能量代替潜意识中的负能量 \ 192
一味地抱怨只会破坏你的潜意识 \ 196

第 10 章
潜意识与情绪：掌控情绪，而不是被情绪掌控 \ 201

学会宣泄，用呐喊法消除情绪垃圾 \ 203
主动屏蔽"干扰"，不给潜意识受刺激的机会 \ 206
从潜意识控制你的愤怒情绪 \ 208
保持理智，冲动是魔鬼 \ 211
情绪转移，把负面情绪从潜意识中放走 \ 214
从潜意识调整心理状态，让自己积极起来 \ 218

参考文献 \ 222

第1章

潜意识与人际：社交场上迎合人心就能斩获好人缘

人都生活在社会中，所以，我们必然要与人交往。怎样的交际才是有效的？社会心理学家给出的答案是：在人类的行为中，有个重要的法则，那就是要迎合人心。而在人类的潜意识中，有很多被我们忽视的天性部分，如人们都希望被尊重、被认同、被赞赏等，假如能遵循近合人心的法则，那么，我们不仅不会招致祸端，还会得到很多的快乐、友谊，但是，一旦这种法则被破坏，麻烦也会随后而至。

满足他人以自我为中心的愿望

心理学家指出，人类的潜意识有这样一个特点：人都是以自我为中心的。所以，在人际交往中，人们都希望得到他人的认同，那些能力突出的人，也希望得到他人的崇拜。因此，如果从这一点入手，多表达对对方的重视和崇拜之情，你一定能打开对方的心门。

我们都知道，人际交往的根本目的是达成意见的一致，如果我们能从人们的潜意识入手，就一定能做到事半功倍。事实上，真正会说话、懂说服技巧的人都懂得表达对对方的重视，让对方感到自己很重要，这样便满足了对方以自我为中心的心理需要，也就打开了交际的大门。

具体来说，我们在人际交往中应该做到：

1.说话时态度诚恳一些

每个人都有心理戒备，尤其在没有确定对方的友善之前，如果你太高调，往往会堵住和别人建立平等互信关系的大门，更别指望对方接受你的观点和建议了。

2.不要卖弄自己的才华

也许你确实是一位出类拔萃者，你的学历高、技术硬，因而会鹤立鸡群，你所要说服的人无法与你比肩。但即便如此，你在说话的时候也千万不要卖弄才华，否则你根本不可能让对方真正认同你的想法。

3.重视对方说的每一句话

沟通的目的在于交流意见、达成共识。只有重视对方说的每一句话，你才能赢得同样的尊重。

4.重复对方的话和对方的名字

可能有些人会问，这么做是为什么呢？其实，原因很简单，重复对方的话，表明你很在意对方的感受，听进去了他的想法。而不断地称呼对方的名字，往往会使刚刚认识的人产生彼此已经认识了很久的错觉。

5.承认对方的能力

这是一种心理策略，因为任何人都爱听赞美与肯定的话。为他人叫好，并不代表自己就是弱者，这一行为非但不会损伤自尊心，反而会让对方接纳你，进而接纳你的想法。

6.委婉表达你与对方不同的想法

与对方交流、表达对对方的重视是为了让对方接受你的观点，而如果在沟通的过程中，你得理不饶人，最终只会事与愿违。所以，你不妨采取一些委婉的方式来表达自己的观点。当然，言语委婉并不容易做到，它不仅需要你懂得如何运用语言，如语气、词汇、句式等，还需要你思维敏捷，根据具体的语言环境运用不同的语言。总的来说，把话说得好听一点、委婉一点，往往比直言快语更能起到效果。

人的潜意识中都希望被尊重

心理学家研究表明,每个人的潜意识中都有被尊重的渴望。被尊重可以说是人最基本的需求,尽管我们平时没有常常提到这一点,但我随时都能找到关于这一方面的案例。例如,小时候,我们认为小伙伴说了一句侮辱自己的话,就会大打出手。所以,我们在与人打交道的过程中,也要满足对方潜意识中被认可、被肯定的需要。你只有尊重别人,别人才会同样尊重你,这是建立和谐人际关系的前提和基础。

一天,唐伯虎游玩西湖时又累又饿,便在西湖边的某酒楼里吃了一顿午饭。但当他找来店小二准备结账时,发现身上的钱袋居然丢了。唐伯虎居然遇到了吃饭没带钱这种糗事,他急得一头汗,但聪明的他很快就想到了一个解决问题的办法。他打开手中的扇子给店小二看,说:"我的画怎么着也得值几个金元宝。"没想到,店小二根本不识货,也不知道站在自己面前的就是唐伯虎,便说老板不在,他做不了主。唐伯虎一时来了气,说:"我今天还就不信没人识货!"他吆喝起来:"谁买扇子?"

这时,邻桌一个富态的中年人走过来,一把拿过唐伯虎的扇子,很轻蔑地说:"这画的什么呀?既不好看,又不新颖,一文不值。"说完随手把扇子扔在地上。唐伯虎此时已经是相当郁闷了。

看到这里,在场的一个读书人实在忍不住了,他原本只是打算为一个没钱付账的食客打抱不平,却眼前一亮,惊呼:"天哪,这不是唐伯虎的墨宝吗?"再看这个食客气质与众不同,果然是唐伯虎。这位读书人激动而又景仰地向大家宣布:"诸位,这位就是江南第一风流才子唐伯虎!"所有人都惊喜不已,又是抢着与唐伯虎搭讪,又是争购唐伯虎之扇。

此时,得到解救的唐伯虎自然是感激涕零,说:"这扇子我谁都不卖,只给他!"

受宠若惊的读书人连忙笑着说:"我这里只有10两银子,买不起,买不起!"唐伯虎说:"不用,我只收你5两,多了还不要。"

刚刚那位嘲弄唐伯虎的富商一看这阵势,知道自己有眼无珠,没认出大名鼎鼎的唐伯虎,只好赔礼道歉:"算我不识货,您的画那是天下没有的精品,您喝酒,喝酒!"把唐伯虎灌了个醉意朦胧。酒酣之际,富商说:"您还是将扇子卖给我得了,我多出价钱!高他200倍!"

唐伯虎当然不会答应,只说了两个字:"不行!"

富商很是不悦，露出本来面目，说："你吃了我的，喝了我的，就这么白吃白喝啦？"唐伯虎："这饭是你请的，酒也是你请的，又不是我要吃的，吃了不就白吃？"引得众人起哄不止。

此时，人群中有人劝唐伯虎，说："给点面子，给点面子！此人惹不起啊，他是本地四大富商之一。"

唐伯虎："我还真不知道，既然如此，我就为您当场画一张吧。"

唐伯虎让富商转个身，在他后背上刷刷刷几笔，然后拉着那位读书人大步离去了。众人看画，更加大笑不止。富商脱衣一看，立马晕倒。那衣服上面留着唐伯虎的笔墨：王八。

你敬他人三分，他人敬你七分。唐伯虎的故事，给了我们一个启示：人际交往要互相尊重，弱势之人的人格也应当被尊重，因为今后"我敬的人"就可能会给我更有意义的回报。尊重别人不代表你懦弱，蔑视别人也不代表你强悍。人与人的交往，需要理解、信任与尊重。你对他人尊重，才能换来他人同样甚至更多的"回敬"。

所以，在表达自己观点时，一定不要忘记尊重他人，只有让他人感受到自己是重要的，他才会从内心接受你。人都有一种获得尊重的需要，即对力量、权势和信任的需要，对地位、权力的追求。而你若能表达出对对方的尊重，那么，他的这一需要便得到了极大的满足。

其实，反过来想，我们每个人也希望得到礼遇，得到朋友的认同，让别人知道你的价值，希望自己能对别人产生重要的作用。所以，在得到这些之前，你需要遵循这样的法则——你希望别人怎样对待你，你就要怎样对待别人。

也许你会问，我们该怎样做？在什么地方做？在何时做？其实，答案是：无论何时、无论何地。

"抬高"他人，人人都有虚荣心

心理学专家曾指出：所有的人都希望能获得他人的恭维和赞扬，这样才能显出他们的与众不同，让他们获得足够多的自我认可，满足虚荣心。其实，我们可以说，虚荣心存在于人的潜意识，是人类共同的天性。在人际交往中，如果我们能在这一方面满足对方，就一定会让对方喜不自胜。

林女士在一家工程机械厂担任主任一职。某天，她对自己的部属说："小李，你看起来气色蛮好的嘛，听说最近挺清闲的？你看人家小张，多忙！在这个社会上，总是能者多劳的。不过听说你的英文很棒，反正闲着也是闲着，帮我翻译一下这篇稿子，这个礼拜就要！"

"这个礼拜？我恐怕要跟你说声抱歉。下星期一我有一个会议，必须准备一些相关资料，所以可能没时间为你翻译。你不也是大学毕业的吗？我看根本不用求我嘛，我本职的工作都做不好，就更别说翻译这么重要的稿子了。"

"我知道了，算了，不求你也罢。"

这里，林女士求人办事的方法实在不对，找部下替自己翻译，是要去说服他而不能贬低他。拿对方同别人相比，言辞间流露出批评之意，甚至还批评对方的工作没做好。如此一来，对方怎么可能替她做事呢？事实上，许多人都是这样的，在求人办事的时候，不懂得"抬高"对方，反而伤害了他人的自尊，而且摆出一副若无其事的样子。碍于上司与下属的关系，对方即使受到伤害，也不至于当场翻脸。但是久而久之，部属心中对上司的不满也会忍不住要脱口而出了。

如果林女士像下面这样说话，可能就不会碰壁了："小李，你最近有空吗？听说跟你同期的小张最近很忙。知识经济时代，真是能者多劳啊。下周又要开会，你现在一定也很忙吧！我曾听人说你的英文不错，不知能否抽空帮我翻译一下这篇文章呢？这是非常重要的资料，急着要的，行吗？"

如此和气的请求，谁会忍心拒绝呢？无论是谁，对自身的能力都会有一种自豪、珍惜之情。尊重这份感情，也就能赢得对方的信赖，获得对方的帮助。

总的来说，虚荣心是人性的弱点。因此，如果我们能在人际交往中，多"抬高"他人，"放低"自己，那么，对方心中必定会产生一种莫大的优越感和满足感，自然也就会高兴地听从你的请求，打从心底接受你。

那么，该怎样"抬高"对方呢？

1.放低身份，展现自己的良好修养

这一点在与比自己身份低的人说话时尤为重要。偶尔说一说"我不明白""我不太清楚""我没有理解您的意思""请再说一遍"之类的语句，会使对方觉得你富有人情味，没有架子。相反，趾高气扬、高谈阔论、锋芒毕露、咄咄逼人，这些都容易挫伤别人的自尊心，引起反感，以致筑起防范的城墙，从而导致自己陷入被动。

2.懂得倾听，并适时反馈

沟通并不完全是说的过程。虽然我们有说的权利，但每个人都希望被倾听，这是一种自我价值的认定，而我们的反馈则是倾听的最好证明。而且，只有满足对方说的欲望，才会让人对你更加亲近。

3.赞美对方，巧化心防

人与人交往，谁都有一定的防备心理。我们若想在初次见面时就成功化解他人的戒备心，并且赢得他人的欢迎，可以尝试一下打开人际交往局面的通行证——赞美他人。赞美得越是贴切、自然，越是能说到对方的心坎里，也就越能消除陌生感。

但是，赞美对方也应该有度，毫无节制的溢美之词无法打动人心，把赞美说得恰到好处才能体现你的真诚，而且也容易让人信任。此外，赞美对方不能泛泛而谈，而应该聚焦细节，越是细节性的赞美，越能表现你对对方的关注。

在交往中，任何人都希望能得到别人的肯定性评价，都在不自觉地强烈维护着自己的形象和尊严，如果你的谈话对象过分地显示出高人一等的优越感，那么这就是无形之中对你的自尊和自信的一种挑战与轻视。所以，从心理学的角度来说，如果我们能满足对方的虚荣心，让对方产生优越感，对方会更愿意与你亲近。

想获得他人认可,先要表达认同和赞赏

人的潜意识是包罗万象的,对于不同的人,潜意识中所包含的记忆是不同的,但人们的潜意识中也有一些共同的部分,如每个人都希望获得别人的认同和赞赏,而这就是人类的天性。马克·吐温曾说:"一句得体的称赞能让自己陶醉两个月。"的确如此,获得别人的夸奖之后,我们不是也反复回味吗?

我们在处世的过程中,要学会赞美别人,让别人拥有优越感。赞美就像一支火把,可以照亮他人的心田,消除人与人之间的芥蒂。一个会做人的人,往往也是个出色的演说家。赞美是一种语言上的人情投资,人情在当今社会中的作用日益凸显,并非只是指物质上的礼尚往来,还包括情感上的交流。"人情"在于"情",只有情感上达到共鸣,才有情感交流的前提。聪明人会利用人情上的优势让自己赢得成功,这就是所谓的"朋友多了路好走"。

我们都希望被他人关注和赞美,都希望自己的努力得到社会的承认,得到别人的理解和尊重。不管你的赞美对他人是否会产生影响,有一点是可以肯定的——你的赞美会给

他人带来愉悦。当你用真诚的语言赞美对方的时候，他会认为你是一个信任并了解他的人，这自然拉近了你们之间的距离，而且他所回报你的，也是同样的肯定与信任，这样你们就会焕发出相互之间的热情、友谊和温暖，在无形中你就赢得了一个朋友。这无疑是一种最没有风险的情感投资，因为"投桃"必然会"报李"。

赞美是一件好事，但绝不是一件易事。赞美别人时如不审时度势，不掌握一定的赞美技巧，即使你是真诚的，也会让好事变坏事。所以，我们在开口赞美别人时一定要掌握以下技巧：

1. 真诚

称赞别人要出于真心，所夸奖的内容应该是对方确实具有或即将具有的优良品质和特点，不要让对方感到你言不由衷，另有所图。如夸奖一位身材矮小的人长相魁梧，恐怕真要出现"拍马屁拍在马腿上"的情况了。

2. 具体

西方有句俗话说："每天早晨大夸你的朋友，还不如诅咒他。"我们所说的称赞的话都必须是恰如其分的，也就是要具体，空泛、含混、夸大的赞美是没有效果的，甚至会产生反面作用。实际上，我们赞扬别人的不一定非要是一件大事，即使是一个很小的优点或长处，只要我们能给予恰如其分的赞美，同样能收到良好的效果。

可见，在处理人际关系的时候，我们要学会赞美别人，并且要真诚地赞美。真诚的赞美是你送给别人的玫瑰花，在给予别人的同时，你的手上也会留下一缕清香，使你活得更潇洒、自在而充实。而且最重要的是，你会获得友谊，赢得良好的人际关系。

表达重视，满足对方的潜意识需求

著名哲学家、教育家、心理学家约翰·杜威说过："人类本质里最深层的驱动力就是希望自己变得重要。"另外，哈佛心理学家威廉·詹姆斯也说过类似的话："人类本质之中最殷切的渴望是得到他人的肯定。"因此，一些人之所以不擅长交际，就是因为他们忽视了重要的一点——让他人感到自己很重要。

日常生活中，你是否经常遇到这样的情况：你忘记了某个下属的名字，但某次会议上他却提出了一个建设性的意见，并为你解决了一个大难题。你曾经觉得你的助理毫无用处，但他却在某个关键性的场合为你送去了关键性的资料。其实，我们身边的每个人都在发挥着不可替代的作用，他们都应该受到重视。

杰姆·费雷是美国历史上很有影响力的人，他成功地帮助富兰克林·罗斯福当上了美国总统。但可能我们根本不会想到的是，他的奋斗历程是如此与众不同。

他年少的时候曾在一家瓦窑做学徒，每天烧瓦片，然后置于阳光下晒干。但他并没有听从命运的安排，不满足于瓦窑的工作，他的人生就因为能成功记住他人的名字，而发生了巨大的变化。

虽然杰姆从不知道上学的滋味是怎样的，但截至46岁，他已经获得了美国四所大学的荣誉博士学位，并且他还是美国的邮政总监、美国民主党委员会的主席。

有人问他成功的原因，杰姆的回答居然是他可以叫出5万人的名字，而这也是他可以帮助罗斯福进入白宫、成为美国总统的原因。

在富兰克林·罗斯福开始竞选总统的前几个月，杰姆的工作很多。刚开始的一段时间，他每天需要写好几百封信给西部以及西北各个州的人。然后，他需要走访西部的那些人。他在19天之内行程达到12000公里，足迹遍及20个州，用遍了马车、火车、汽车、快艇这些交通工具。每到一站，他都会停下来与接见他的人共同进餐，并进行一番亲切的交谈，然后继续他的旅途。

杰姆一回到美国东部，就立即给那些自己曾经遇到的小城镇中的人写信，并请对方帮忙。但这些人实在太多了，需要写的信也实在太多了，不过这些人最后都收到了杰姆的信。并且，在这些信中，杰姆都是这样开头的："亲爱的比尔"或"亲爱的杰恩"，而信的最后都签着"杰姆"的名字。最终，他的这一做法帮助富兰克林·罗斯福获取了大量的选票，使其成功地当上了美国总统。

在西方政界，大概所有人都知道这句话："你能记住选民的名字，这就意味着你能成为国务活动家；而忘记选民的名字，就意味着你将成为被遗忘的人。"其实，这句话不仅适用于西方政治活动，在日常的交往中，记住他人的名字是重视他人的一种表现。而重视他人，就有可能得到他人的青睐。

卡耐基曾经总结过这样一句话："人类行为有一条重要的原则，如果遵循它，它就会为你带来快乐；如果违背它，你就会陷入无止境的挫折。这个原则就是，让对方认为自己是个重要的人物。"的确，在交往中，任何人都希望能得到别人肯定性的评价，都在不自觉地强烈维护着自己的形象和尊严。如果你的谈话过分地显示出高人一等的优越感，这无形之中就是对他人自尊和自信的一种挑战与轻视。而聪明人则会让自己"低人一等"，让对方感受到自己的优越，从而让对方接受自己。

那么，具体来说，在人际交往中，我们该怎样满足对方想成为重要人物的愿望呢？

1.交流时以对方为中心

与人打交道，要明白主角永远是对方，而你最好更多地扮演配角。如果本末倒置，在商谈的过程中以自己为中心，只是洋洋自得地反复谈论自己的事情、自己的爱好，只管发表自己的看法，而不从对方的角度来考虑，这样难免会引起对方的不快，很有可能导致交流的失败。所以，我们应尽可能寻找彼此共同关心的问题。

2.多提及对方喜欢的事

交际能力强的人往往都有一个经验，那就是多提及对方关心、喜欢或者自豪的事情，因为这能表达出你对对方的重视。所以，我们有必要多花心思研究对方，对其喜好、品位有所了解，这样才能在谈话中顺水推舟地表达自己的观点。

提及爱好，可能你们都迷恋球鞋；提及对方的工作，或许他的工作需要你的帮助；提及时事问题，可能你们对教育与政治的问题观点一致；提及孩子等家庭之事，家家都有一本难念的经；提及体育运动，也许你们都喜欢棒球；提及对方的故乡及就读的学校，极有可能你们是同校同乡……

3.承认对方的能力

一位成功人士说："为他人叫好，并不代表自己就是弱者。为对手叫好，非但不会损伤自尊心，相反还会收获友谊与合作。"其实，这是一种心理策略，任何人都爱听赞美与肯定的话，我们承认对方的能力，有利于消除对方的戒备，甚至有利于我们从对方那里获得经验教训，从而提高自己。在不断提升和完善自我之后,我们也会收获成功。

4.重视对方说的每一句话

那些说话妄自尊大、小看别人的人会引起别人的反感,最终在交往中导致自己陷入孤立无援。与人沟通的目的在于交流意见、达成共识。只有重视对方说的每一句话,我们才能赢得同样的尊重。

人生本是一出戏,人与人之间也是一场场游戏,游戏自有游戏的规则,想要和谐相处,闯关成功,那就必须要遵守游戏的规则。如果有人最先破坏了这些规则,那么必将在这场游戏中首先出局。其实,重视别人很容易,而且重视了别人,别人也会重视你。

伸手不打笑脸人，微笑能提升你的亲和力

卡耐基在他的《人性的弱点》中说过这样一句话："世界上的任何人，都在努力寻找快乐，但只有一个办法能让我们得到快乐，那就是控制自己的思想，因为快乐的获得在于内心的喜悦，而不是源于外界的情况。"所以，我们可以说，人的内心的喜悦源于潜意识这一内部环境，而潜意识是受思想支配的，如果我们能从潜意识愉悦他人，对方也会容易对你表示同样的好感。

表示好感的最好方法之一就是微笑。俗话说得好，伸手不打笑脸人，对于别人善意的微笑，我们怎么可能会拒绝呢？卡耐基还曾说："笑容能照亮所有看到它的人，像穿过乌云的太阳，带给人们温暖。"行动比语言更具有力量，微笑所表示的是："我喜欢你，你使我快乐。我很高兴见到你。"人际交往中，我们对他人微笑，就容易让对方被我们的善意和热情打动，久而久之，他们也会对我们回以微笑。

奥丽芙在一家公司做销售工作，目前仍然单身，她也不知道自己为什么没有吸引力。前不久，她发现隔壁住着一

位寡妇和两个小孩子，生活得比较拮据。一天晚上，奥丽芙所在的区域停电了，她赶紧点亮了蜡烛。没过多久，她听到有敲门声。她心想，这么晚了，会是谁呢？带着一丝疑惑，她打开了自家的门，原来是隔壁家的女孩。小女孩羞怯地问道："阿姨，请问您家有蜡烛吗？"听到这里，奥丽芙心里在盘算着，难道她们家穷到这个地步了吗？不会连一根蜡烛都买不起吧？我可不能让她们赖上我。于是，她面露凶相地吼道："快走，没有！"

她正打算关起门来，这时，她忽然看到小女孩露出关爱的微笑说："我就知道您家一定没有！"说完，小女孩竟然从怀里掏出两根蜡烛递给奥利芙。"我妈妈怕您一个人住没有蜡烛，就让我带两根送给您。"

看着孩子纯真的笑容，奥利芙被感动了，她突然领悟到微笑的力量。从那以后，无论是在工作上还是生活上，她的脸上都会时刻保持着真诚的微笑。当然，她的生活也随之发生了改变，不仅业绩越来越好，同事们也越来越喜欢和她在一起。

在这个故事中，邻居家小女孩真诚的微笑和关切的行动让奥利芙认识到了自己的问题。当她用微笑去面对他人的时候，生活也发生了变化。这个故事告诉我们，人际交往中，微笑的力量很大，善于微笑，可以帮助你赢得更多的朋友与财富。

很多成功人士都指出，微笑是与人交流的最好方式，也是个人礼仪的最佳体现。我们可以从日常观察中发现，没有谁喜欢看到交往对象愁眉苦脸的样子。因此，你若希望给对方留下一个好印象，就一定要学会露出受人欢迎的微笑。

在人们的工作和生活中，没有人会对终日愁眉苦脸的人产生好感。相反，一个经常面带微笑的人，往往会使他周围的人心情开朗，因而受到周围人的欢迎。在一般情况下，如果你对别人皱眉头，别人也会用皱眉头回敬你；如果你给别人一个微笑，别人也会用微笑回报你。

与人打交道时，在对方的第一印象中，你的衣着打扮固然很重要，但更重要的是你的精神状态。所以，当你踏入对方的"领地"时，如果你首先让对方看到的是一张阳光灿烂的笑脸，那么，你留给对方的第一印象就会非常好，因为亲切又自然的笑容永远是受欢迎的。

每当你外出的时候，要记住：调整一下你的状态，端正你的脸庞，抬头挺胸，让自己精神饱满；真诚地对朋友微笑，跟他们握手时全神贯注；不要害怕被人误会，也不要浪费时间去思考你的仇敌。虽然每个人都知道真诚的笑容有感染力，然而并不是所有的人都能拥有它，想要拥有真诚的微笑需要训练。如果你每天对着镜子练习，时间长了，你的脸上自然就可以形成习惯性的微笑。在人际交往中，想要拥有真诚的微笑，还需要掌握哪些技巧呢？

1.笑要发自内心，真诚的微笑才能打动人

一个人只有内心被快乐、感恩与幸福包围着，才能流露出自然的微笑。一个人的内心如果充满温和、体贴、慈爱等感情，就会通过眼睛表露出来，给人真诚的感觉。因而，你所表达的微笑，应该是发自内心的，应该向对方表达的是："我喜欢你，我很高兴见到你，你让我开心。"

2.经常保持微笑，才能让你更迷人

一个经常微笑的人，会让人觉得是一个有修养的人。因此，在不同场合、不同的情况下，我们都要微笑，以此来表达对他人的感情。人际交往中，一个人如果能用微笑来接纳对方，就可以更好地打开交际的局面。

微笑的力量非常强大，如果能够拥有它，就相当于拥有了成功社交的强大武器。如果你也想要轻松赢得社交胜利，就从现在开始，用微笑来面对身边的每一个人吧！

第2章

潜意识与微动作:从微动作探究他人真实内心

在与人打交道的过程中,我们很难了解对方的内心。但人的潜意识是很难掩饰的,只要我们以这一方面为突破口,对从潜意识表现出来的一些微动作进行观查和分析,就能读懂人心,从而更好地了解他人。

从嘴巴的动态看他人内心世界

曾经，在美国的一所研究院内，有两个研究团队对人的嘴巴进行了这样一个研究：

他们研究的对象是著名的蒙娜丽莎画像，发现嘴巴能表达人的喜怒哀乐，而被人们称为"心灵的窗户"的眼睛，却不能反映真正的情绪，只能反映情绪的紧张程度。一开始，他们在画像上增加干扰图案，接下来，为了达到测试的效果，他们继续改变干扰图案。然而，改变的部分只是画像的一半：要么是上半部分，要么是下半部分，这样做有利于他们看出体现人物心情的到底是眼睛还是嘴巴。

最终的结果很明显，最能体现蒙娜丽莎情绪的是她的嘴而不是眼睛。为了验证实验的准确性，研究者也使用其他女性的照片进行了相同的测试，结果完全一样。

通过这个实验，我们并未否定眼睛表情达意的功能，但是证实了嘴巴的动态具有非常重要的表达功能。

嘴巴的动态有很多种，在人际交往的过程中，如果能够细致地观察对方嘴巴的动态，就可以更好地洞察对方的内心世界，使交往更加顺利。

形形是一名广告公司的职员，她从毕业就在这家公司工作。转眼已经3年了，可是她现在拿的还是刚入职时的工资。她很想跟老板提提加薪的事，毕竟，公司里比她来得晚的新职员都加薪了。然而，怎样才能找到合适的时机呢？作为老板，当然不会喜怒形于色，职员很难判断老板的心情如何。

　　不过，形形在大学辅修的是心理学，她曾在一本书里看到，可以通过一个人说话时嘴巴的动态来了解对方的心情。就这样，形形整整观察了十几天，突然有一天，她发现老板看起来与往日不同，他的嘴角微微上翘，虽然不易觉察，但还是被形形注意到了，由此，她断定老板的心情很好。所以，处理完手里的工作后，形形来到了老板的办公室，委婉地提出了加薪的请求。果不其然，老板不仅痛痛快快地承诺从本月起给形形加薪20%。就这样，凭着对老板一丝不易被觉察的微笑的关注，形形顺利地实现了自己的心愿。

　　由此可见，在职场中，无论是面对上司还是同事，我们都可以通过观察对方嘴巴的动态来了解对方的内心，从而更加顺利地实现良好的沟通。

　　那么，我们从嘴巴的动态到底能看出什么呢？

　　1.交谈时嘴巴的动态能够反映出说话人的内心世界

　　说话者说话时以手掩口，说明此人性格内向、封闭，不喜欢被人看穿心思。交谈时下嘴唇向前撇，表明此人对你说的话并不信任，而且想反驳你。上下嘴唇一起往前噘，表明此人处于防御状态。嘴角略微向后的人注意力比较集中，但是缺乏毅力，很容易受到他人的影响。在交谈时咬嘴唇或者双唇紧闭的人，可能是在反省自己，也可能是在用心倾听或者分析对方所说的话。交谈时经常舔嘴唇的人也许正在压抑着自己紧张或者兴奋的心情。

2.嘴巴的弧度有助于判断一个人的性格

嘴角缩起的人，做事认真细致，很难敞开自己的心扉，疑心重。嘴巴抿成"一"字形的人是个踏实的实干家，性格顽强，对于上级交代的任务，能尽量完成，事业发展相对顺利。嘴角微微上翘的人活泼外向，心胸开阔，灵活机智，为人随和，很好相处。嘴角向下撇的人固执己见，很难被说服。

3.可以根据对方的笑容判断其性格

开口大笑的人嘴巴大张，性格豪放，做事不拘小节，光明磊落，这类人的缺点是没有耐心，总是知难而退。狂笑的人嘴巴近似于圆形，擅长社交，洒脱不羁，给人一种亲切感，喜欢冒险，乐于助人，适合做与人打交道的工作，很容易获得成功。微笑的人嘴角微微上翘，看起来很和善，性格内敛，沉默寡言，不善于与人交流，比较关注内心世界，心思细腻，擅长分析对方的语言。

总之，人的嘴巴相对比较灵活，能够呈现不同的弧度。透过这些丰富的嘴巴动态，我们可以了解一个人内心的情绪波动。

不同笑容背后的含义，你知道多少

我们都知道，与人初次见面，一个亲切的微笑能拉近彼此的距离，消除你和对方的拘束感；与朋友见面打个招呼，点头微笑，会让朋友之间显得和谐、融洽；长辈对晚辈报以微笑，可以使晚辈消除紧张，敬畏就会被信任和亲切所代替；上级对下级微笑，会让下级感到上级平易近人；服务人员面带微笑，客户会有宾至如归之感。可见，笑容的作用非常大。

一位著名的造型家编写了一本书，书中一个跨页展示了几十位女性的头像，这些女性有年老的、年轻的，有美丽动人的，也有相貌平平的。但是读者看她们每一个人时，心情都会变得愉悦、恬静。不因为别的，就因为她们脸上带着灿烂的笑容。

的确，笑容是社交场合的通行证，是表达情感的最好方式。而且，笑容和一个人的性格有着一些必然联系，我们可以通过他人的笑容来了解他的内心状态。下面几点能帮助我们对他人的笑容有个初步的了解：

我们要学会分辨愉快的笑与虚假的笑。单单是"笑脸"，就有微笑、苦笑、嘲笑等几十种。"笑"虽然是为了缓和紧张感而生的，但是像嘲笑或怜悯的笑之类，反而是在不愉快的场合中出现的。根据不同的笑脸，我们可以了解对方微妙的心理状态。

嘴角上扬的人：自信心很强、气场很足。

半边嘴角上扬的人：缺乏自信心，对一切都感到很无趣。

只用鼻息发出笑声的人：做任何事情都很努力，多数人比较吝啬。

用鼻子笑的人：有蔑视他人的倾向。

发出咻咻笑声的人：平常应该是温顺的人，他们是谨慎保守的老好人，会在别人背后帮忙。假如故意这么笑，就有嘲笑人的因素在里面。

笑声爽朗的人：性格开朗，从心里感到放松，豪迈地笑与高声笑的人也是这样。只不过，在不太自然的情况下大笑，会令人感觉有别的意图，如故意显示自己很了不起，让人觉得自己很豪爽等。有的人表面看起来豪爽，然而内心有强烈的自卑与不安，想以大笑来隐藏，属于个性扭曲、不想让人看见真心的类型。

抿着嘴笑的人：这是为了显示自己的优越感，有时候会让周围的人感觉不舒服。这种人可能容易轻视他人，并且不加掩饰，不谙人心，是独善其身的人。即使自己发生失误，也会假装"不关我的事"，一副若无其事的样子，会满不在乎地推脱抵赖。

恭维假笑的人：常常阿谀奉承，带有"我会服从你"的意味，表示心怀不安或是有担心的事，有"请帮助我""请关心我"等意思。此外，还可能传递着"想和你成为好友"的亲和需求。

是不是从内心发出的笑，我们只要留意眼睛和全身即可得知。不自然的笑或有目的的笑，虽然通常嘴角堆着笑，但眼睛却没有笑意。此外，身体动作等也没有很强烈的表现。

脸色变红或变白表示心里不安，往往可能是在担心。

脸色变苍白的人，表示心中怀着强烈的恐惧与不安。例如，在自己或他人性命攸关的时候，脸色会变得苍白。心中不安的程度越强，脸色会变得越苍白。脸色发白也有可能是震怒的象征，此时不注意的话，后果会很严重。

然而，解读这些笑容并不是说我们要控制自己的笑容，相反，这是要告诉我们在对他人微笑时，一定要发自内心。而且，如果你是个不爱笑的人，你一定要加强训练。心理学家告诉我们，外部的体验越深刻，内心的感受就越丰富。也就是说，有了外部的"笑容"就有了内心的"欣喜"。每天晚上对镜中的自己笑上几分钟，然后带着微笑入睡。早上起来，心中默念"嘴角翘，笑笑笑"，你会发现，因为有了笑容，你也有了好心情。

总之，一个人如何笑、何时笑，以及笑的深度和姿态都能体现他的性格与内心动态。当然，我们不要惧怕微笑，因为笑容会给我们的性格和心理带来积极影响。

眼为心门,从他人眼神判断其真实内心

在人类的感觉器官中,眼睛是最重要的器官之一。科学家经过研究证实,人类有80%的知识都是通过眼睛观察得到的。眼睛不仅可以读书认字、看图赏画、欣赏美景、观察人物,还可以辨别不同的色彩和光线,然后将这些视觉信息转变成神经信号,传送给大脑,从而增强人类的记忆能力。

"眼睛是灵魂之窗",人在各种时候,不同的思想动向都会反映在眼睛中。通常人心中所想的事物,眼睛会比嘴巴更快地表达来,而且几乎无法隐藏。正如爱默生所说:"人的眼睛和舌头所说的话一样多,不需要字典,却能从眼睛的语言中了解整个世界。"因此,一个善于读心的人,必然也是个善于捕捉他人瞬息万变的眼神的人。

曾经有个叫詹姆士的建筑家,他发明了一种可以防止偷盗行为的方法,他画了几幅皱着眉头的眼睛的抽象画,镶于透明板上,然后悬挂在几家商店里。果不其然,那段时间,店铺的偷盗案件迅速减少。当有人问他原因时,他说:"对那些做贼心虚的人来说,画上的眼睛构成了威胁。他们极力

想避开这些视线，以免有被盯梢的感觉，因此不敢走进商店里，即使走进商店里，也不敢行窃了。"

这就是眼神的力量，那些小偷看见的虽然是假的眼睛，可是仍有种心虚的感觉，心理作用让他们不敢再偷盗。所以要解读一个人的内心世界，从眼神入手最好不过。

我们在与人交际的过程中，也可以选择通过观察别人的眼神来洞悉他的内心世界。如开心的眼神透露的是明亮有神，让人觉得笑容灿烂；尊敬的眼神表明有点害怕，笑容勉强；爱慕的眼睛是眼神温和，笑得腼腆的；困扰的眼神是深邃无神，若有所思的。

具体来说，我们可以从以下方面来看：

（1）如果你和对方交谈时，对方的双眼突然明亮起来，表明他对你正在说的话题很感兴趣，也可能是你的话正中他的下怀。

（2）如果不管你说什么有趣的话题，对方的眼神总是灰暗的，可能是因为他正在遭受某种不幸或者遇到了什么不顺心的事。

（3）当对方瞳孔放大、炯炯有神、极力睁大眼睛时，表明他对你的话感到很惊恐。

（4）如果你能通过余光发现对方正在斜眼瞟你，表明他想看你一眼又不愿被发觉。如果对方是异性，可能传达的是害羞和腼腆的信息。

（5）眼睛上扬是无辜的表情，这种动作是在佐证自己确实无罪。

（6）眼睛往上看，说明对方有某种不愿为别人所知的秘密，他在有意识地夸大事实，因此不敢正视对方。

（7）说话时喜欢眼睛向下看的人，一般比较任性，凡事只为自己着想，对于别人的事漠不关心，甚至对别人的观点常抱有轻蔑之意。

（8）挤眼睛是用一只眼睛向对方使眼色的动作，表示两人间有某种默契，它所传达的信息是："你和我此刻所拥有的秘密，其他任何人都无从得知。"

（9）眼神游离的背后，一般都是在算计。一个人如果常常出现这样的眼神，那么，他多半是工于心计、城府较深的人。这种眼神传达的信息可能有两种：一种是聪明而不行正道，另一种是心中有秘密、又怕别人窥探。前一种眼神多是品德不高尚、行为不端正的表现，后一种眼神多是心中有事、深藏不露的表现。

另外，在说话时眼神游移不定者，一般表示内心的不稳定。一些法律资料显示，犯罪者在坦承罪状之前一般都会表现出这样的状态，这大抵是心中藏有某事或有所愧疚所致。

（10）眼神转向远处。在谈话中，对方如果时时流露出这种眼神，多半是没有注意你所说的话，心中正在盘算其他的事。如是进行交易的对手，那么他必然在心中做着衡量、计算，思索着如何在这场交易中谋取最大的利益。如果是没有利害关系的交谈对象，那一定是有其他的事务盘踞心头。

眼球的转动、眼皮的张合、视线的转移速度和方向、眼与头部动作的配合，都在传递着一些信息，透露着一个人内心的秘密。当然，每个人的心理活动很难从单独的一个眼神就可以看透，还要与面部表情、行为和动作等其他因素结合起来才可以得出答案。

上述这些方法可以使我们在与人交谈的过程中，迅速了解对方内心的所思所想，在开口说话的时候，说出对方喜欢的话。当然，这只是一些简单情况的概括，我们在遇到不同的交际对象时，还应该运用具体的观察方法，做到有的放矢，这样才能游刃有余地与人交往。

用打招呼的方式了解人的性格特点

生活中，我们与人刚见面或者遇到熟人时，都会用打招呼的方式表示友好，可以说，打招呼是一种最简便、最直接的礼节，我们每天都有可能需要实施。因此，打招呼的方式也会透露出关于这个人性格的信息。心理学家称，打招呼的方式因人而异，没有千篇一律的打招呼的方式，从打招呼和应答的方式中，也可以反映出人的性格特点。

老王是某事业单位职工，他和周围邻居、同事的关系都很好，很少得罪人。最近，单位从外地新调来了一个领导，被安排住在老王所在的小区。周末的早上，老王准备和妻子去买菜，在小区门口，领导看见了老王，便跟老王打招呼："老王，你好啊。"老王赶紧回应："您好，李处长。"

当时，老王的妻子也向李处长点了点头。

后来，老王发现，李处长每次看见他，都会以这样的方式打招呼。多年的识人经验告诉老王，李处长是个很理智的人。

有一次，老王听说李处长过生日，便给他送了一幅画。第二天早上，李处长看见老王，还是那样打招呼："老王，你好啊。"老王心里纳闷，难道他不喜欢自己送的礼物？谁知道,老王到办公室后一打开邮箱,就发现李处长给自己留言:"老王,谢谢你,我很喜欢你的礼物……"

故事中的李处长是个很理性的人,他在人际交往中表现得很谨慎,不会给人留下把柄,也很注意自己的形象,因此,即便下属送了自己一件很喜欢的礼物,他也会选择私下感谢。这样的性格其实在他几次和老王打招呼的方式中已经显现出来了。

的确,小小的一次打招呼,也能让我们找到了解他人的突破口。不同的人打招呼的方式大有不同,具体来说有以下几点:

1.打招呼时双方的空间距离,直接显示出双方的心理距离

我们可能都有这样的体会,当我们看见很亲密的朋友时,会立即打个招呼,然后走过去给对方一个大大的拥抱,或者直呼对方的小名、昵称等,这会让我们感到很亲密。而如果跟你打招呼的人说话以后立即后退几步,虽然这是礼貌的表现,但你肯定能感觉出对方是在抗拒你。

2.初次见面就随和地打招呼的人,可能是想形成对自己有利的态势

初次见面就随和地打招呼的人,往往会使人大吃一惊。有人常常认为这样的人很轻浮,其实这种人内心很寂寞,非

常希望能与人亲近。

心理专家提醒，当遇到"见面熟"的男性时，女性要特别小心，切勿使男性有机可乘。这种男性的性格浪漫大方，但可能性情懦弱，且其中不乏游手好闲的人。

3.边注视眼睛边点头打招呼的人，对他人怀有戒心

打招呼时伴有注视对方眼睛这一动作的人，可能是对对方怀有戒心。还有一种可能，就是他们希望自己处于优势地位。因为凝视对方的眼睛，就有可能探测到他人的心理。

4.打招呼时不敢看着他人眼睛，多半是自卑的表现

你很真诚地看着对方的眼睛打招呼，而对方却没有回应你，而是避开你的眼神，你可能会误认为他们是瞧不起人。而实际上并不是如此，他们可能是因为自卑或者胆小，因此，你需要调节你的情绪，让他感到安心。

5.打招呼千篇一律，大多是自我防卫意识较强的人

这样的人虽然与某个人见面的次数很多，如经常一起吃饭、喝酒，但他们见面时还是千篇一律地打招呼。这种人一般具有自我防卫的性格。

6."招呼常用语"揭示人的性格

"招呼常用语"指的是刚刚与某人结识或与熟人相遇时经常使用的打招呼话语。心理专家研究表明，从一个人的打招呼用语中，可以了解这个人身上的很多性格特点。这些

"招呼常用语"有：

"喂！"——这类人开朗大方、活泼好动、思维敏捷、富有幽默感。

"你好！"——这类人性格稳定保守，工作认真负责，深得朋友信任。他们能很好地控制自己的情感，不容易情绪化。

"看到你真高兴。"——这类人大多性格开朗，待人热情谦逊，对很多事物都很感兴趣，但容易感情用事。

"最近怎么样？"——这类人爱表现自己，自信、大方，渴望成为社交场合的焦点，但同时，他们在行动之前喜欢反复考虑，不轻易采取行动，不过一旦接受了一项任务，他们就会全力以赴地投身其中，不圆满完成决不罢休。

"嗨！"——这类人比较多愁善感、腼腆，不希望得罪人，常常会因为害怕做错事而不敢尝试，但在与自己熟悉的人面前，他们也比较活泼。在周末或闲暇时间，他们更愿意与家人一起宅在家中，而不愿外出消磨时光。

观察微动作,判断他人是否在撒谎

中国有句俗语:"人心隔肚皮。"人与人交往的时候,往往会处处设防,以免上当受骗。特别是一些精于世故的人,他们喜怒不形于色,我们很难单从语言上看出其内心活动。而如果我们能从对方的微动作着手,观察对方的细小举动,是有可能窥探出对方的真心的。因此,在与人交往中,我们要学会眼观六路、耳听八方,更要有火眼金睛,洞察他人的内心世界。

"我看我还是不买了,我刚在隔壁商场买过一套差不多的。"这位顾客还是放下了刚刚试过的一套化妆品,摇着头说道。为其介绍产品的是销售员小周,小周听到顾客这样说,并没有放弃推销,因为她发现了一个很小的细节:顾客在说这句话的时候,下意识地用手遮住了嘴。学过销售心理学的她明白,顾客其实并没有说真话,而同时,顾客进店后并没有再看其他产品,这让小周更加确信自己的判断。

于是,她尝试着问:"小姐,您是不是觉得这款护肤品太贵了呢?"

顾客:"是有点贵。"

小周:"那您认为贵了多少钱呢?"

顾客："至少是贵了500元吧。"

小周："小姐，您认为这套化妆品能用多久呢？"

顾客："这个嘛，我比较省，怎么也要用半年吧。"

小周："如果用原来牌子的化妆品，要用多久呢？"

顾客："原来那个两个月要买一套吧，因为效果不太明显。"

小周："这样吧，您看原来那个牌子的化妆品是200元一套，可以用两三个月，我们按照3个月计算，您半年需要花400元。但是小姐，实不相瞒，我们这种化妆品如果您比较省，至少可以用一年，这是所有顾客共同得出的经验，因为它富含的营养成分比较多，所以只要稍微用一点就可以了。"

顾客："真的是这样的吗。"

小周："这是我的顾客共同的见证。这个周末您有时间吗？我已经约了所有顾客举办一个联谊，希望您也能参加。"

顾客："这样啊，好，我相信其他女孩子的眼光……"

这则故事中，化妆品推销员小周的销售方法值得我们学习。她之所以能判定出顾客的反对意见"我看我还是不买了，我刚在隔壁商场买过一套差不多的"并非真实想法，是因为她观察到顾客一个下意识的动作：用手遮住了嘴。一般来说，这是人们没有说实话的表现。行为心理学家戴斯蒙·莫里斯博士做过这样一个实验：他让护士有意地对病人谎报病情。通过录像观察，这些护士在说谎时，比平常实话实说时使用了更多的用手捂嘴的动作。

的确，人们表现最显著、最难掩饰的部分，不是语言，而是不经意的行为。人人都会说谎，但世界上没有不能被看穿的谎言。

行为心理学家认为，我们不仅可以从一个人的面部表情识别其话语的真实性，更可以通过其肢体动作看出其话语的真实性。说谎是一种复杂的行为，要做到让人相信，就需要动用全身的器官共同"演戏"。一般来说，无论一个人的说谎技术如何高明，为了掩盖谎言，他都会无意中做出一些小动作，因此，善于观察的人，看一个人的小动作就可以断定对方是否在说谎。因为人在说谎的时候，出于内心的紧张，他们常常会辅以动作。通过这些动作，我们往往可以了解说谎者的心理状况。那么，具体来说，人在说谎时都会有哪些微动作呢？

1.搓耳朵

有些人在说谎时，会不停地用手拉耳垂或搓自己的耳朵。

2.揉眼睛

一般来说，男女说谎时揉眼睛的动作不同。男人说谎时，常常转移视线，如用眼睛看着地板。而女人在说谎时，一般都是轻轻地揉眼睛的下方。

3.摸鼻子

摸鼻子的姿势是遮嘴姿势比较隐匿的一种变化方式，可能是轻轻地来回摩擦着鼻子，也可能是很快地触摸。女性在做这种动作时，会非常轻柔、谨慎，因为怕脸上的妆被弄花了。曾有心理学家称：当不好的想法进入大脑之后，人们就会下意识用手遮着嘴，但到了最后关头，又怕表现得太明显，因此，就变成很快地在鼻子上摸一下。摸鼻子和遮嘴一样，摸鼻子姿势在说话人使用时表示欺骗，在听者来说则表示对说话者的怀疑。

4.遮嘴

当人们用手遮嘴、拇指压着面颊时，他们内心是在压制谎言从口而出。有时只是几根手指，有时可能是整个拳头遮住嘴巴，但意思都一样。遮掩嘴巴，是想隐藏其内心活动的特有姿势。

5.拉衣领

心理学家称，当人们说谎时，会感受到面部和颈部之间有刺痛感。因此，说谎者可能会无意识地拉一拉衣领，以减少这种感觉。

总之，聪明的人不会只听交往对方的语言，还会观察其微动作，因为言语可以用假装来掩盖，但微动作的真实性却高得多。

小小名片展示出来的信息密码

现代社会，几乎人人都使用名片。名片是当代社会不论私人交往还是公务往来中最经济实惠、最通用的介绍媒介，具有证明身份、广交朋友、联络感情、表达情意等多种功能。从某种程度来讲，名片就是我们身份的代表。名片使用率之高也告诉我们，分析他人的名片，能帮助我们更清晰地了解其性格和心理特征。

麦琪是一家知名风投公司的投资人，最近，她看好了一家小公司，并准备对其进行投资，但在见面时，对方的态度却让她大失所望。

这天，麦琪和助手到了这家公司，为了方便起见，对方把午饭安排在了公司附近的一家酒店。到达吃饭地点后，双方按照程序，进行一番自我介绍以后，便进入了交换名片的环节。麦琪的助手把她的名片递到了对方公司接待人员手中，令麦琪感到惊讶的是，对方竟然丝毫没有看她的名片，就直接把名片丢到了桌子上，也没有回赠名片的意思。

整个吃饭过程，麦琪都不怎么高兴，也没怎么说话，原本打算提出的关于这家公司的很多问题也都不想问了。

第二天，这家公司的负责人前来咨询投资的事。对此，麦琪的回答是："我是不会与这么不懂礼节的公司合作的，我想贵公司现在需要做的是先给员工上一门礼仪课。"

上面这则故事中，这家公司为什么失去了一个被投资的机会？问题就出在了名片上。从这里，我们可以看出，在现代社会，名片在人际交往中十分重要。

从某种程度来讲，名片就是我们身份的一种象征。有的名片甚至囊括了一个人一生的成就和所得。所以，通过名片看一个人是一种十分有效的方法。

1.喜欢大字的人

这类人喜欢表现自己，功利心很强，在人际交往中，他们希望自己能成为焦点。他们善于与人交往，表现得相当平和与亲切，具有绅士风度。这种人不会迷失自己，遇到利益时，他们不会拱手让给别人。从表面上看，他们和谁都相处得不错，但实际上，他们并不会轻易地让他人真正地靠近。他们善于隐藏自己，懂得谨慎行事，更能把握分寸，使一切都恰到好处。

2.名片上没有任何头衔的人

这类人大多有自己的个性，他们不喜欢循规蹈矩，不喜欢虚伪的人和事。他们不在乎金钱与地位，也不在乎世俗的看法，只喜欢按照自己的意愿去做任何一件事情，而不是被他人支配和调遣。而与此同时，他们也很少对别人指手画脚，发号施令。他们具有超出一般人的想象力和创造力，所以经常会有所创新和突破。

3.在名片上附加自己住址和电话的人

这类人在能力、社交等各方面都相当优秀。这种名片有对自己、对社会负责任的效果，因为如果他不在办公室，对方一定会找到家里来，把事情解决。而与此相反，恰恰有许多人为了逃避工作上的麻烦，而拒绝告诉他人自家的地址和电话。但公开家庭住址可能会被他人利用，故名片投放时，要加倍小心。

4.名片有别名或改名的人

这类人叛逆心比较强，为人处世比较小心、谨慎，无法与周围的人合拍。另外，他们还有点神经质，常常怀疑周遭的一切，猜疑别人的同时也怀疑自己。他们很容易产生自卑感，在遇到挫折和困难的时候，缺乏足够的信心，总是想妥协退让。从某一方面来讲，他们没有太多的责任心，并且总会想方设法逃避自己该负的责任。

5.比对方更早递出名片的人

比对方更早递出名片，是具有诚意的表现。这样的人会让他人感觉慎重、真诚、重礼仪。收到名片后仍然不拿出名片给对方，则是粗鲁无礼和拒绝他人的表现。

6.到处发名片的人

无论在什么场合，他们都喜欢把自己摆在一个显眼的位置，好让他人随时能看到自己。他们不但容易忘记自己在什么时候拿名片给了什么人，而且还把名片当成一种宣传手段。这种类型的人，大多是一些小企业的老板或伙计，或者是推销员，虽然他们常想开拓机会，但也常有泄漏信息的危险。

7.经常若无其事地掏出一大堆别人名片的人

这种带着大把他人名片外出的人，大多以自我为中心，其特征是活动性强，口才很好，说话一般不会出任何纰漏，能够获得他人喜欢。他们的社交能力、组织能力比较强，且具有不错的口才和充沛的精力，做事成功的概率还是比较大的。与这种人商谈之前，最好能立下约文保证。

第3章

潜意识与成功：在心中建立成功的信念

潜意识会无条件地执行我们传达给它的命令，而且，只要我们反复强调命令，潜意识就能帮我们达成。著名博士贝尔曾经说过这么一段名言："想着成功，看着成功，心中便有一股力量催促你迈向期望的目标。当水到渠成的时候，你就可以支配环境了。"其实，许多事只要想做，并坚信自己能成功，那么你就能做成。这正是目标的作用。所以，我们要想成功，就要向潜意识注入成功的欲望，潜意识才会调动一切积极的因素让你向目标前进，最终帮你达成愿望、获得成功。

第3章
潜意识与成功：在心中建立成功的信念

目标明确，也要制订详尽的计划

潜意识是没有辨别和分析能力的，它只会听从我们给它的指挥。也就是说，你给了它一个行动的目标，它就会自动帮你实现。然而，不少人是没有达到自己的目标的，这是因为他们的目标并不清晰明确。

举个最简单的例子，你到了某个城市，上了一辆出租车，希望司机能载你去某个地方，但是你竟然花了5分钟时间描述你想要去的地方，却对地名只字不提，相信此时司机一定会感到迷茫，并拒绝为你服务。其实，你的潜意识也是如此，面对混乱不堪的目标，它也无法执行。所以，你首先要做的就是明确目标，知道从哪里着手。

在我们的工作和生活中，很多人都称自己太忙了，他们总是匆匆忙忙、从未停下脚步。然而，他们真的忙出成果了吗？相信大部分人的回答都是否定的。既然如此，这种忙就是无效的，而这往往是因为做事毫无头绪、没有目标或者目标不明确。磨刀不误砍柴工，我们都有必要在做事前先制订目标，这样，我们的潜意识在执行时才更有目的性。

美国的一位心理学家曾经指出:"如果一个铅球运动员在比赛的时候没有目标,那么,他的成绩一定不会很好。如果他心中有一个奋斗目标,铅球就会朝着那个目标飞行,而且投掷的距离会更远。"这个说法非常形象,它具体地说明了目标的重要性。当我们有了追求的目标时,才会不懈地去努力,向心中既定的目标前进。

人生如果没有目标,就会像一艘黑夜中找不到灯塔的航船,在茫茫大海中迷失方向,只能随波逐流,达不到岸边,甚至会触礁而毁。我们虽然强调做事要立即行动、绝不拖延,但这并不意味着我们可以盲目做事。事实上,如果在没有目标的情况下做事,会浪费更多的时间,因为我们需要花时间重新审视自己的行为和方法。

所以,只有树立明确的目标,制订详尽的计划,我们才能让潜意识投入实际的行动中,收获成就感和满足感。

那么,具体来说,我们该怎么做呢?

1.制订完善的计划和标准

要想把事情做到最好,你的心中必须有一个很高的标准,而不能是一般的标准。在决定做事之前,要进行周密的调查论证,广泛征求意见,尽量把可能发生的情况都考虑进去,从而避免出现漏洞,直至达到预期的效果。

2.制订计划时切忌超过实际能力，内容一定要详尽

例如，你想学习英语，那么你不妨制订一个学习计划，安排星期一、星期三和星期五下午5：30开始听20分钟的英语听力，星期二和星期四学习语法。这样你每个星期都能更实在地接近并实现你的目标。

3.做事要有条理和秩序，不可急躁

急躁是很多人的通病，但任何一件事，从计划到实现的过程，总有一段所谓时机的存在，也就是需要一些时间让它自然成熟。假如你过于急躁而不甘等待，事情便经常会遭到破坏性的阻碍。因此，无论如何，我们都要有耐心，压抑焦急不安的情绪，才不愧是真正的智者。

总之，在做事的过程中，我们若想成功，就必须让心更有方向。也就是说，在下定破釜沉舟的决心前，我们一定要明确自己的目标和方向。

尽早发现应该为之奋斗一生的目标

　　有人说，人生最悲哀的事莫过于穷尽一生都在为某件事而努力，但到最后却发现那不是自己想要的东西。所以，想做一个真正成功的人，就要知道自己的目标，也就是自己真正想要什么。从心理学的角度来看，当一个人清楚地看到了自己的目标之后，他就成功了一半，而另一半就是让他的潜意识完全相信并接受这一目标。

　　而实际上，在生活中，有很多人因为无法承担追求梦想带来的困难和痛苦，就选择追求安稳的生活，每天两点一线，上班、回家，回家、上班，逐渐对梦想失去激情。当他们看到他人风光无限或是衣食富足时，又嫉妒得要命。天上不会掉馅饼，凡事有因才有果，你付出了才会有回报。甘于现状、不思进取却又期望富贵发达，这就是"白日做梦"。

　　很多时候，消除恐惧只需要做个痛快的决定。只要想做，并坚信自己能成功，那么往往你就能做成。

　　小凌已经28岁了，刚结婚那几年，她是幸福的。她本来以为找个好人家把自己嫁出去，往后的生活就会围着丈夫与孩子转，一辈子就这样了。但是，当她真的成家以后，却经常感到很迷茫，觉得浑身不自在。

更让她感到糟糕的是，丈夫在婚后好像也变了，他找了一份安稳的工作后，就变得不思进取，每天下班后就是打扑克、泡酒吧，这让她打心眼里嫌弃丈夫的不上进。再加上家里的经济条件并不十分宽裕，因此她很不开心，时常唉声叹气。

一个星期天，小凌的一个朋友邀她出去喝咖啡，诉说心里的烦恼，她便和朋友埋怨自己嫁错了人。朋友善意地提醒她："如果你总想着让老公多赚外快，增加收入，那么你恐怕很难感到快乐。既然你有理想、有能力，为什么不干脆自己创业或者努力工作呢？"这番话点醒了小凌，她仔细一想，觉得朋友的话十分在理，于是她开始留意身边的各种机会。

半个月后，有个邻居准备转让一家餐馆，她就动了心思，打算把餐馆接过来。当时，丈夫和婆婆都不同意。因为她缺乏经营经验，事情又太繁杂，怕她遭罪。但小凌坚持接了下来。很快，因为经营有道，她的生意变得红红火火。

尤其让她感到高兴的是，因为她打开了自己人生的新局面，丈夫也不再游手好闲，时常来帮她招待客人，管理餐馆的大小事务，在工作中也开始奋发向上。丈夫常感激她，说妻子让他找到了人生方向。

如今的他们，在生活中能够互相交流自己的想法和意见，感情也比从前更加融洽了。

这就是一个聪明女人不甘于现状，用自己的能力改变现状的典范。刚开始，小凌围着丈夫和孩子转，她原本以为这就是幸福，但实际上，这并不是她要的生活。她很快发现自己过得并不快乐，在朋友的提点下，她很快找到了努力的目标。事实证明，她有能力经营好自己的事业、自己的幸福，她与丈夫的感情也比以前更加亲密、融洽了。

我们都应该明白一个道理，说一尺不如行一寸，只有行动才能缩短自己与目标之间的距离，只有行动才能把理想变为现实。成功的人都把少说话、多做事奉为行动的准则，通过脚踏实地的行动，达成内心的愿望。但任何行动，如果没有一个明确的指引方向，都是无意义的。

因此，如果你觉得现在的工作和生活充满未知、一片迷茫，那么，你就该想一想，什么是你感兴趣的事，做什么让你真的乐在其中，这有助于帮你找到人生的方向。只有全面地认识自己，了解自己的兴趣、特长、性格、技能、智商、情商、思维方式、道德水平等，才能对自己的人生、职业做出正确的选择和规划。

第3章
潜意识与成功：在心中建立成功的信念

如何从潜意识中消除恐惧心理

当今社会，知识和信息更新速度之快，要求每个人都敢想敢做。只有勇者才能事事在先，时时在前，紧跟潮流，做时代的弄潮儿。所以，我们若想在当今社会立足、有所成就，就要不畏惧风雨，不怕挫折，不惧坎坷。

然而，我们也知道，无论做什么事，都有可能遇到困难。在困难面前，大部分人会选择放弃，只有少数人能坚持到最后，这是因为他们在困难面前懂得调整自己的潜意识，继而消除恐惧心理。

对潜意识来说，无论我们传达给它的是积极的、建设性的思想还是消极的、破坏性的思想，它都会毫不犹豫地接收。无论是信心还是恐惧，潜意识都会接收，然后将之变成事实。所以，在困难面前，在潜意识里，我们只有用建设性的思想来取代消极思想，才能提升你的自信。

曾经有一个叫魏特利的人，他的朋友特别多。一天，有个朋友和他约好周日早上一起去钓鱼。魏特利很高兴，因为他还不会钓鱼。

因此，头一天晚上，他先收拾好所有装备，如网球鞋、鱼竿等。并且，因为太兴奋，他居然穿着自己刚买的网球鞋就上床了。

第二天一大早，他就起床了，他把自己的东西都准备好。还时不时地朝窗外看，看看他的朋友有没有开车来接他，但令人沮丧的是，他的朋友完全把这件事忘记了。

魏特利这时并没有爬回床生闷气或是懊恼不已，相反，他认识到这可能就是他一生中学会自立自主的关键时刻。

于是，他跑到离家最近的超市，用自己的积蓄买了一艘他心仪已久的橡胶救生艇。中午的时候，他将自己的橡胶救生艇充上气，随后来到了河边。他摇着桨，滑入水中，假装自己在启动一艘豪华大邮轮。那天，他钓到了一些鱼，又享用了带去的三明治，还用军用水壶喝了一些果汁。

后来，他在回忆这次的光景时说，那是他一生中最美妙的日子之一，是生命中的一大高潮。朋友的失约教育了他，凡事都要自己去做。

生活中最大的危险不在于别人，而在于自身；不在于自己没有想法，而在于内心恐惧，不敢前行。而做曾经不敢做的事，本身就是克服恐惧、建立积极意识的过程。如果你退缩、不敢尝试，那么，下次你还是不敢，你永远都做不成。只要你下定决心、勇于尝试，就证明你已经进步了。在不远的将来，即使你会遇到很多困难，但你的勇气一定会帮你获得成功。

不断进取，敢于面对一切困难，努力克服它们，战胜它们，这就是生存的法则。相反，逃避是懦夫的行为，最终只会带来更多危机。

恐惧是获得胜利的最大障碍。你若失去了勇敢，你就失去了一切。而现实中的恐惧，远比不上想象中的恐惧那么可怕。很多时候，成功就像攀爬铁索，失败的原因不是智商的低下，也不是力量的单薄，而是屈服于自己的无形障碍。如果我们敢于做自己害怕的事，害怕就必然会消失。

恐惧的表现之一是躲避，而试图逃避只会使这种恐惧加倍。任何人只要去做他所恐惧的事，并持续地做下去，直到有成功的纪录做后盾，他便能克服恐惧。

如果你不能自己消除恐惧，那么，恐惧的阴影就会跟着你，变成一种逃也逃不了的遗憾。不要因为恐惧而害怕尝试，一旦你直面恐惧，很多恐惧都会被击破。既然困难不能凭空消失，那就勇敢去克服吧！

绝对不要在面对恐惧的威胁时试图逃避，这样做只会使危险加倍。要克服对困难的恐惧，我们可以使用自我催眠法，激发自己的潜意识，告诉自己没有什么可害怕的，这样，我们便可能逐渐变得勇敢，坦然面对困难。

1.摒弃消极思想

你一旦受到周围消极思想的影响,想要再建立积极的态度几乎是不可能的。你的耳边经常会响起各种词汇,如"小心""慢慢来""还不错""我早说过了""不可能""事情结束了"等。你应学会分辨消极和积极的言辞,避免接触和使用消极的言辞,因为答案总存在于积极正面的言辞中。

2.告诉自己"我能行"

生活中,许多人常说"我不行"。而他们之所以会有这种想法,通常来说都是因为他们给自己设限。要摆脱这种恐惧,你必须在内心反复暗示自己"我能行"。

3.多做一些曾经不敢做的事

做曾经不敢做的事,本身就是克服恐惧的过程。你需要记住的是,在困难面前,逃避无济于事,只有正面迎击,困难才会解决。而那时,你会发现,那些所谓的困难与麻烦只不过是恐惧心理在作怪。

每个人的勇气都不是天生的,没有谁一生下来就充满自信,只有勇于尝试,才能锻炼出勇气。

唤醒内在力量，为自己插上成功的翅膀

潜意识是不分真假的，如果我们在大脑中树立一个我们所希望达到的成功的场景，是能将潜意识中的负面信息替换掉的。而且，在反复暗示后，成功的信念就能被建立，而我们再通过积极的行动，就能达到预定的目标。

强有力的信念是能带来奇迹的。信念能使人们的力量倍增，如果失去信念，我们将一事无成。所以，当遇到困难时，我们不妨运用潜意识，在心中建立一个成功的信念，这样，我们就能努力找到事情的光明面，然后用乐观的态度去寻找方法，将困难解决。

世界酒店大王希尔顿用少量资本创业起家，曾有人问他成功的秘诀，他回答说："信心。"

美国前总统里根在接受《成功》杂志采访时说："创业者若抱有无比的自信心，就可以缔造一个美好的未来。"

生活中，每个人都要有成功的强烈愿望，那么，你也会让他人更容易相信你的能力，得到更多的锻炼机会，从而更容易成为一个有能力的人。

的确，人的潜力是无穷的，如果你对自己有足够的信

心，你就会发现自己原来拥有这么多的潜力，可以做到许多事情。如果你想有一个辉煌的人生，那就努力扮演自己心里所想的那个人，让一个积极向上的自我意象时刻伴随自己。

在信念上超前一些，行动就会领先一步，成功的概率也就更大一些。成功的秘诀就是，当你渴望成功就像你需要空气那样强烈的时候，你就更有可能会成功。

目标有时遥遥无期，总也望不到头。你也许正在艰难中坚持并感到疲倦不已，如果这时放弃，以前的努力都将白费，所花的心血也变成徒劳；而只要再坚持一会儿，再加一把劲儿，眼前就有可能别有洞天，豁然开朗。在你拨开迷雾重见阳光的一刹那，你会觉得所做的事再苦再累都是值得的。

总之，信念是一种无坚不摧的力量，当你坚信自己能成功时，你必能成功。许多人一事无成，就是因为他们低估了自己的能力，妄自菲薄，以致限制了自己能力的发挥。信心能使人产生勇气，而获得成功的契机，就是建立自己的信心和勇气，以信心和勇气克服所有的障碍。

任何一个目标，唯有坚持下来才有意义

我们都知道，人的潜意识是一直在不分昼夜地工作的。然而，潜意识却通常被人们忽略，人们更关心自己的显意识，所以，我们只有将梦想注入潜意识，做到不动摇，不放弃，坚持到底，才能让梦想最终实现。

人生短暂，我们在追求目标的过程中，诱惑比比皆是。如果我们能剔除诱惑的干扰，就没有什么是做不到的。其实，这个道理很简单，以挖井为例，找到了水源之后，就要奋力往深处挖，如果轻易放弃，最终你获得的不过是一个个土坑而已。而在发掘中所消耗的时间和精力，已经永远找不回来了。

丘吉尔说过这样一句话："成功的秘诀就是坚持、坚持、再坚持！"世上所有的成功都产生于再坚持一下的努力。成功也许真的只是一种"坚持"，当成功与失败三七开时，坚持的时间越长，成功的机会就越大。凡事坚持，不屈不挠，就有了赢的姿态。

的确，世间最容易的事是坚持，最难的事也是坚持。成功在于坚持，这是一个并不神秘的秘诀。法国启蒙思想家布封曾说："天才就是长期地坚持不懈。"的确，无论我们做

什么，想要取得成功，坚持不懈的毅力和持之以恒的精神是必不可少的，它们是我们取得成功的法宝。歌德用激励人心的语言这样描述坚持的意义："不苟且地坚持下去，严厉地鞭策自己继续下去，即使是我们之中最弱小的人这样去做，也很少会达不到目标。因为坚持的无声力量会随着时间而增长，直到没有人能抗拒的程度。"

艾森豪威尔说："在这个世界上，没有什么比'坚持'对成功的意义更大。"的确，世界上的事情就是这样，成功需要坚持。雄伟壮观的金字塔的建成正是因为它凝结了无数人的汗水。运动员要取得冠军，就必须坚持到最后，冲刺到最后一刻。如果有丝毫松懈，就会前功尽弃，因为裁判员并不会以他起跑时的速度来判定他的成绩和名次。

在追梦的过程中，永远都不要放弃心中的希望。如果遇到困难，就把困难当成人生的考验，不要在困难面前茫然退缩，更不要不知所措地迷失自己，而应满怀希望地为自己的梦想而努力，相信终有一天，自己会走出低谷，走向光明。现实是美好的，但又是残酷的，关键在于面对困难，你是否具有韧性，能否坚持到底。

总之，任何一个人都必须懂得，任何一种策略，只有坚持才会有价值，也只有坚持到底的人，才能经受住层层筛选，并最终获得机遇的垂青。

第4章

激发潜意识，挖掘潜在力量让自己更强大

精神分析学派创始人西格蒙德·弗洛伊德在其著作中曾说："潜意识是人类原本具备却忘了使用的能力。"现代社会，我们将这种能力称为"潜力"，也就是存在但却未被开发并加以利用的能力。每一个渴望成功的人都应该认识到，成功的种子就在你的潜意识里。只要认识到这一点，你就能变得强大，成为一个有能力的人，获得想要得到的东西。

积聚自我价值，提升自信

自信是一种很好的心理状态，自信能让你看到人生的方向，找到前进的目标，发现真实的自我。而如果一个人缺乏自信，他就容易过得浑浑噩噩，迷失自我，甚至被世界所遗忘。

然而，自信这种好的心理状态源于我们的经历。举个很简单的例子，拿一瓶水走100米，这件事很轻松就能做到，简直可以说是不费吹灰之力，这就是一种已经内化到潜意识的自信；而如果拿的是一箱水，且需要走1000米的话，人们可能要考虑一下才能做到，这就是一种意识上的自信；而如果路程增加到10000米的时候，人们可能就没那么自信了，只有那些对自己的身体状况很了解且自信满满的人才能做到。

这里，我们将人的自信分成三个层次：潜意识自信、意识自信和意志力自信。前两者是基础，要达到意志力自信，就先要达到前面两个层次。为此，我们要不断培养自信，努力向更高阶段的自信转化。

为了累积自信，我们首先要做的是累积价值。通过自我价值的获得，我们会获得自我肯定，从而将自信内化到潜意识中。

在社会生活中，我们最为看重的就是自我价值。一个人参与社会工作，一方面是为了赚取生活资本，另一方面是为了获得自我价值，希望被肯定。有些人害怕退休，也是害怕失去自我价值。

小于是个自信、大胆的女孩。但因为她的脸上有一些雀斑，所以小时候的她并不十分自信，总感觉周围的人看不起她。但是她的母亲告诉她，一个女孩，只要是自信的，就是美丽的，还给她举了很多名人的例子。慢慢地，在母亲的引导下，小于抬起头来，不再在意脸上的雀斑。

后来，母亲告诉她，要自信，就要让自己不断进步。所以，在课堂上，她开始大胆举手，积极回答问题。通过努力学习，她逐渐看到了同学们对自己投来的赞赏目光。

上大学的时候，她抓住每一分每一秒的时间学习，不让自己浪费时间。同时，她也大胆地表现自己。大学毕业后，她变得更自信了，进了一家电子公司的行政部门，做起了安安稳稳的文职工作。

有一次公司开会，希望能从人员过多的行政部门调几个人到市场部门。老总征求大家的意见，结果谁也不肯站出来，因为他们都认为自己是科班出身，怎么能走街串巷、满脸堆笑地揽活呢？

这时，小于站起来，自告奋勇地说："老总，我愿意！"因为她相信自己同样能胜任市场部门的工作，而且这远比在"毫无声息"的行政部门更能体现自己的能力。于是，她马上被调到市场部门工作。对她来说，这是十分陌生的工作岗位，很多事情都让她感到晕头转向。她必须迅速适应周围的一切，尽快建立自己的客户网络，才能扩大业务。

小于开始走出办公室，主动和别人商谈合作事宜，了解市场上的价格与折扣。她成了个大忙人，不仅要负责市场部门的大小事务，还要将自己针对公司的每一项产品做实地调查的情况做成书面报告，并交给老总，以便于公司开展下一步工作。

小于已经在市场部门工作4年了，如今的她已建立了稳固的客户群，同时又让其他业务人员充分施展了自己的才干。市场部门团结合作，创造了前所未有的业绩，公司上上下下的人都对她刮目相看。很快，她便进入了公司的管理层。

这个故事中，小于顺理成章地进入了管理层。她的成就得益于她的自信，而她的自信源于她母亲的引导和她从小到大不断的努力。自我价值的累积让她能做到无所畏惧，敢于任事，才能抢占到先机，让自己在竞争激烈的环境中脱颖而出。

当然，要累积自我价值，我们需要做到：

1.不断学习，让自己具有硬实力

在今天，素质决定命运。当然，你也要实事求是地宣传自己的长处、才干，并适当表达自己的愿望，这样才能让别人更加了解你，给予你更多机会。

2.不断挑战自己

任何一个人，在这个快节奏、高效率的时代，想要脱颖而出，取得进步，就必须做到不断挑战自己。要知道，一个人的能力是需要不断挖掘的，只要能相信自己、欣赏自己、摒弃自卑，我们就能在职场、事业上不断彰显自己的能力和价值。

总之，人活于世，靠的就是自信。自古以来，那些成功者就是因为自信才能实现自己的人生目标。自信是人生成功的奠基石，是成功的第一秘诀。自信的获得不是一蹴而就的，是要慢慢累积的。当我们从一件件事情中获得成就感时，自我价值也在不断累积，最终，我们便能开启自己成功的人生了。

不断鼓励自己，会让你越来越自信

德国人力资源开发专家斯普林格在其所著的《激励的神话》一书中写道："人生中重要的事情不是感到惬意，而是感到有充沛的活力。""强烈的自我激励是成功的先决条件。"自我激励，就是要经常在内心告诉自己"我相信自己可以做到"。如果你的心被自卑掩埋，那么你已经输了。

在生活中，我们每天都要面临不同的压力，有时候难免会出现一些消极情绪，如焦虑、畏惧等，而战胜它们的法宝就是自信和勇气。自信从何而来？自我激励可以帮你重新获得能量。

如果我们能经常激励自己，潜意识就会接收到自信的信号，从而调动一切积极的因素让我们变得强大。有不少成功者都是通过这一方法提高自己的专业能力和水平的。

我们不得不承认，自信的人大多是勇者，成功也无不源于自信。那么，自信要如何培养呢？没有天生的自信，只有不断培养的自信。人们的自信源于他们在内心建立的积极的自我意识，而自我激励就是形成积极自我意识的有效方法。

那么，我们该怎样自我激励，以获得自信呢？

1.和自己比，不和别人比

爱迪生说，自信是成功的第一秘诀。自信心的树立不在于和别人比较，而是拿自己的今天和昨天去比较。

在爱迪生上小学时，有一次上劳动课，同学们都交了自己的手工作业，但到第二天，爱迪生才迟迟交给老师一个粗糙的小板凳。对此，老师的评价是："我想世上不会再有比这更坏的小板凳了。"但爱迪生的回答是："有的。"然后他从课桌下面拿出两只小板凳，指着左边的说："这是我第一次做的。"又指着右边的说："这是我第二次做的。我刚才交的是第三次做的，虽然它不能使人满意，但是总算比这两只好多了。"

爱迪生的自信就是在和自己的比较中建立起来的。

现实生活中，大家都习惯了去和别人比较，然而山外有山，人外有人，和别人比较下去是没有尽头的。所以，建立自信最关键的一步就是改变将自己和别人比较的习惯，一旦发现自己在不知不觉地和别人比较，就要提醒自己停下。这是一个思维习惯的问题，经过一段时间的纠正，肯定能够克服。

2.学会微笑

笑能给人自信，它是医治信心不足的良药。如果你真诚地向一个人展露微笑，他就会对你产生好感，这种好感足以使你充满自信。正如一首诗所说："微笑是疲倦者的休息，沮丧者的白天，悲伤者的阳光，大自然的最佳营养。"

3.走路抬头挺胸

外在的姿态和步伐与人的内心体验有着密切的关系，人在充满信心时，通常会挺胸抬头，走起路来步伐坚强有力，速度也稍快。人在丧失信心时则会低头哈腰，走起路来无精打采，速度缓慢。因此，我们在平常走路时要坚持抬头挺胸，这有助于增强自己的信心。

4.找到自信的欠缺处

我们要意识到自己在哪方面是欠缺自信的，只有找到这一点，才能更好地"查漏补缺"。例如，你是否对工作中的压力感到力不从心，或者在与一个比你更有实力的伙伴合作时，你会感到自卑？这种畏缩与自卑又是从何而来的呢？我们必须对此进行认真的反思。

5.运用积极的自我暗示

首先是有根据的自我暗示，对于自己的优势，要不断地在心理上进行强化，对于自己的劣势，要制订详细的计划进行克服，相信这些劣势经过一段时间后就会转变为自己的优势。不管是现在拥有的优势，还是经过一段时间能够转变为优势的劣势，都是实实在在的东西，是自信的基础，是获得自信的根据。

其次是没有根据的自我暗示，即时刻提醒自己：我是最棒的，我有实力，我有能力，我一定会成功。从现在开始，每天早晨起床和晚上睡觉时，甚至随时随地对自己说上一句激励自己的话，经过一段时间的积累一定会有效果。

6.客观对待负面信息

影响自信的负面信息总是随时出现的，对此，我们一定不能气馁，而要学会客观分析。你是真的无法解决问题吗？还是因为没有足够的努力呢？如果自己实在无法解决，可以寻求他人的帮助和指导。

任何一个人，要想获得自信，都必须认识到一点，那就是真正的自信来自我们的内心，源于我们的潜意识。改变我们的潜意识，从内心开始进行自我鼓励，这将奠定我们自信的基础。

积极地改变并利用自己的潜意识能量

在人类的思维结构中,潜意识是不被人们所觉察的部分,但其实潜意识就如同暗房一样,你的行为以及生活状态,都与些密切相关。所以,今天的你离不开潜意识的塑造。

也许你会产生疑问,为何你是这样的,而不是那样的?也许你对现状不满意,其实这都是潜意识的塑造,如果你想改变,就要挖掘出藏在潜意识背后自己的能量"金矿"。其实,人的潜意识本身就是个大熔炉,从来到这个世界开始,我们就在不断地接受外界传达给我们的信息,无论是好的还是坏的。我们从父母那里接受熏陶,从学校接受教育,逐渐地,我们有了自己的价值观、想法、观念、才华或者技能等,而能让我们成长和成才的资源也在其中。所以,如果我们想让自己变得更强大,或者希望获得成就,就要从潜意识中挖掘潜能。

然而,对很多人来说,他们一生都不曾了解自己的潜意识。一直以来,他们都被错误的观念所控制着,生活在困顿之中。事实上,积极地利用和改变自己的潜意识,是能改变我们的一生的。

所以，想要改变自己，就要学会让积极的意识控制自己，成为生活的支柱。这样，我们才有可能获得幸福的生活和成功的人生。

约翰是一名保险推销员，除了工作，他最喜欢拿着猎枪和鱼竿到森林里去。一次，他突然想：我为什么不可以尝试在这些地方推销保险呢？这些地方虽然荒凉，但沿着阿拉斯加铁路那几百公里的线路上，仍有不少铁路工人家庭定居。虽然这个想法有些大胆，但约翰想到做到，他立即着手制订计划，做好一切准备。此后，约翰一直往返于铁路沿线，向那些铁路工人家庭推销保险，同时，他也像往常一样走遍大山，在山中钓鱼、打猎。人们很喜欢他，亲切地称呼他"徒步约翰"。一年过去了，约翰的业绩竟然超过100万美元。

这个故事告诉我们，凡事只要敢于尝试，有积极的意识，就能产生奋斗的激情，就能去完善和超越自我，去增添勇气，创造奇迹。不行动，一切梦想都将是空谈。

石油大王洛克菲勒曾经说过这样一句话："我就是我最大的资本！我唯一的信念就是相信自己！"这句话的含义是，人生在世，只要你相信自己，有坚定的想要成功的愿望，就能勇敢地去克服、面对困难，从而战胜今天、明天残酷的现实，最终获得成功。

的确，信念是一种无坚不摧的力量。当你坚信自己能成功时，你必能成功。

也许你对自己现在的状态并不满意，那么，你首先需要改变的就是自己的意识，以及自己的内心，这就是所谓的"诚于中，形于外"。我们只要仔细想想就会发现，改变生活并非难事，因为改变意识并不困难。有了这样的思想认识，也就表明你已经开始产生了要改变自己的想法，也就开始了一段建立积极人生态度的愉悦之旅。

肯定自我，从潜意识改变自己

心理学家认为："人是唯一能接受暗示的动物。"积极的暗示，会对人的情绪和生理状态产生良好的影响，激发人的内在潜能，从而发挥出超常水平，使人进取，催人奋进。积极的暗示来自积极的意识，安东尼·罗宾曾经说："所有人的改变都是在改变潜意识。"每个人都要从潜意识里喜欢自己，愉快地接纳和肯定自我，这是一个人培养自信心的重要秘诀。

任何一个强者都是自信的、勇敢的，无论发生什么，他们都丝毫不畏惧。相反，他们能适应变化，并把变化当作机会，让变化帮助自己成功。所以，对任何一个希望变得强大的人来说，首先都要做到肯定自我，敢于改变自我意识。

心理学家告诉我们，支撑一个人追寻理想的动力往往是自信。自信是成功的助燃剂，一个人自信多一分，成功的希望就多一分。"人最重要的才能，第一是无所畏惧，第二是无所畏惧，第三还是无所畏惧。"信心能使人在遇到困境时具备顽强的意志力，并能"起死回生"。

自信是对自己的高度肯定，是成功的基石，是一种发自内心的强烈信念。一个自信的人常看到事情的光明面，必能尊重自己的价值，同时也尊重他人的价值。自信是个人毅力的发挥，也是一种能力的表现，更是激发个人潜能的源泉。而自信源于潜意识，如果你是个不自信、没有勇气的人，请先改变自己的内心，尽量肯定自己，让自己成为一个坚定而勇敢的人。

潜意识背后蕴藏了巨大的力量

生活中，我们常听到这样一句话："玉不琢不成器。"，任何璀璨的宝石，都要经历岁月的洗礼和打磨。其实，人也一样。也许今天的你很平凡，但是不要为此而感到失落，只要能挖掘出自己的潜能，你也能成为灿烂的珍珠。

潜意识是记忆、观念、想法和知识的储存库，潜能就存于潜意识之中。另外，潜意识还会无条件执行我们的指令，只要我们反复强调和暗示，给自己积极的指引，我们就能挖掘出自己的潜能，然后坚持自己的信念，朝着正确的方向奋进。

生活中的人们，相信你们一定有自己的理想，这种理想决定着努力和选择的方向。但要想将理想变为现实，我们还必须有必胜的信念，相信自己能做到，然后潜意识才会接收到我们的指令，努力实现它。

其实，无论是经营企业还是开展新的事业，或是开发新产品，很多人思考的结果首先是没有信心：恐怕不行吧，恐怕做不好吧。但是，如果一味地顺从这个"常识性"的判断，那么原本可以做的也变得不能做了。因此，如果真正想做一件事情，首先要树立坚定的信念，要有强烈的愿望。

同样，如果你正在为一件事努力，那么，你可以给自己一些积极的暗示：我一定能成功，我一定能做到。这能帮你化压力为动力，促使你产生超越自我和他人的欲望，并将潜在的巨大内驱力释放出来，进而促进你最终获得成功。

事实上，许多人在潜意识的激励下，勤奋工作，都可能逐步成长为独当一面的精英。

想要唤醒潜能，我们需要做到：

1.保持良好的心境和情绪

虽然不得不承认，我们与他人在很多方面的差距是与生俱来的，如长相、身材、家境等，但是通过后天的努力，我们依然可以改变很多，如个人能力、阅历。生活中，一些人在面对自己与他人的差距时会怨天尤人，但抱怨并不能改变这种差距。如果你想要缩小这种差距，甚至超越他人，就必须挖掘自己内心的力量——潜意识，同时设置与把握正确的人生目标，运用这些力量朝着目标努力，并采取一些具体的行动。只有这样，我们才能达到一种心理平衡。但这不仅是一种心理平衡，在富有耐心而坚毅的努力过程中，我们将逐渐显示自己的优势，超过别人。

2.将创意落到实处，让其发挥价值

你的创意再好，如果只是停留在"想"的阶段，也永远不会看到成果。

可能天下最无奈的一句话就是：我当时真该大胆地去做。在我们生活的周围，也经常有人感叹："如果我在那时开始做那笔生意，现在早就发财了！"或"我早就料到了，我好后悔当时没有做！"一个好创意，如果只是想想而没有被执行，真的会令人叹息不已，感到遗憾，而如果立即施行，当然也会带来无限的满足。

因此，不难得出一点，对我们来说，要有所行动，获得他人的激励和期望是一个方面，而最重要的是我们要挖掘出潜意识背后的力量。这样，我们才能获得自信，才能始终拥有向上的热情和奋斗的激情，也才能最终看到成功的曙光。

积极的自我暗示，是提升自信的良方

《心理暗示术》作者爱米尔曾说过一句名言："每一天，我们都以某种方式，让自己过得越来越好。"也就是说，一个人可以运用想象的力量，从身体、精神和心灵上改善自己的生活。在生活与工作中，如果你懂得使用积极的暗示，可能会让生活变得更美好。

生活中，人们可能会遇到这样那样的烦心事，应该学会恰当地运用自我激励，因为自我激励能给你精神动力，使你从困难和逆境造成的不良情绪中振作起来。

事实上，很多成功者之所以能成功，就是因为他们做到了这点。因为决定人生成败的是态度，积极乐观的人可以在任何时候都快乐，无论道路多么崎岖，都会毅然向前走。所以，不管你身处何种境遇，一定要保持正面的情绪，积极、乐观、不抱怨，这样你才会变得成熟、自信。

因为家境贫困，再加上爸爸酗酒，所以小林的内心非常自卑。早在初中时代，有一次，小林作为班长带领班级的几个骨干出黑板报，耽误了晚上回家吃饭的时间。因此，爸爸去给小林送饭吃。那天，小林的弟弟正好生病了，所以爸爸去得比较晚。妈妈做了肉丝，用大饼包着让爸爸送给小林。不过，让小林惊讶的是，爸爸居然还带了一罐八宝粥。要知道，小林和弟弟平时可是很少吃八宝粥的，小林坚持没有吃八宝粥，让爸爸带回去给弟弟吃。虽然爸爸给小林送饭，小林心里觉得暖暖的，但是，小林还是很生气。小林很了解爸爸，只看了爸爸一眼，她就知道爸爸又喝多了，因为他眯着眼睛，话也特别多。爸爸酗酒，还总是和妈妈吵架，这给小林的心理带来了很大的影响。看到爸爸醉醺醺的样子，小林根本不想理他。后来，同学问小林，为什么爸爸对她这么好，她却好像在生爸爸的气。小林无言以对，因为她不能告诉同学爸爸酗酒给家庭带来了很大的伤害。就这样，小林变得越来越敏感和自卑，她总是问自己，为什么我没有一个不酗酒的好爸爸呢？她不仅无法从家庭中得到安全感，甚至觉得自己在同学们面前也矮人三分，即使她的学习成绩始终在班级中遥遥领先。

高中毕业后，她考进了一所师范院校。在读大学期间，小林和几个同学选修了心理学课程。渐渐地，她掌握了一些自我催眠暗示的方法，每当她因为爸爸酗酒的事自惭形秽时，她就暗示自己："每个人都是独立的，爸爸有他喜欢的生活方式，我是我自己，我应该自信起来。"时间久了，小林发现自己好像有了不小的变化。她发现自己很喜欢写文章，而且老师也发现了她优美的文笔，便鼓励她去参加文学社。小林担心自己不行，迟迟没有答应。直到又发表了几篇文章之后，她才鼓足勇气参加了文学社。进了文学社不到一年时间，小林就因为表现出色被大家推选为副社长。

　　在文学社中，小林因为才华横溢，很受同学和老师的欣赏，再加上她一直在学习自我催眠的方法，她渐渐地不再那么自卑。并且随着年龄的增长，她意识到每个人都有选择自己生活的权利，别人可以建议，却没有权力干涉。因此，她不再因为爸爸酗酒的事情而自卑了。随着自信心的增强，小林意识到自己在文学方面颇有才华。在老师的引导下，她变得越来越乐观开朗，不仅把文学社办得有声有色，而且发表了越来越多的文章。大学毕业后，小林因为具有文学方面的才华，被学校保送到某著名大学的中文系读研。

　　这则故事中，我们看到了女孩小林从自卑逐渐走向自信的过程。在她小时候，因为父亲酗酒，小林的内心一直被自卑的阴影笼罩着，即便是全班第一名的好成绩也未能帮她摆脱阴影。幸运的是，小林后来学会了一些自我暗示的方法，并且发现了自己在文学方面的特长，她渐渐有了自信，对人生也充满了希望。可以说，假如没有积极的自我暗示，小林的人生很可能是另外一番景象。

　　同样，我们每个人都要始终坚信一点——在自信心培养上，自我暗示与肯定是一种良好的训练。因为这些积极的信息能反馈到我们大脑中，促进我们产生真正所盼望的自我改进与自我完善，从而帮助我们改善身心。如果我们坚持这种训练，一段时间之后就会发现，自我暗示、自我肯定绝不是白日做梦，也不是自欺欺人，而是一种有效的自我激励与促进精神升华的手段，它能帮助我们重塑自己的人生，重新构筑自己的身心世界。

然而，自信不是盲目的自大，不是乱拍胸脯，而是智慧与才能的结晶。没有自信不行，没有脚踏实地地钻研学习也不行，失去自信或者踏实的行动，就好像一艘船失去了帆或舵，在海面上漂泊一样。虽然盲目的自信是自大，不可取，但妄自菲薄、过度自卑更不可取。所以，我们凡事都要尽力而为，给自己一定的信心，让生活变得更加精彩。

第5章

潜意识与心态转换：让潜意识帮你选择积极心态

很多人一生都在追求快乐，然而，没有人生来就是快乐的，成为悲观还是快乐者完全在于自己的选择。心理学家称，我们的意识决定了我们的行为、心态和语言等，而我们是可以决定自己的潜意识的，关键就是要控制自己的思想。所以，你在想什么，要变成一个怎样的人，都是由你的思想决定的。我们每个人都要学会运用意识转换自己的心态，选用积极的思维方式来思考问题，调节潜意识，这样，我们就会多一份快乐，少一份烦恼。

无论发生什么，都要笑对人生

著名心理学家艾克曼曾经做过一个实验，实验结果表明：一个人如果总是想象着进入某种情境之中，或者想象某种情绪，那么，这种感受就真的会出现。这个实验也表明，潜意识会执行我们调节心情的指令。所以，对悲观的人来说，如果能主动选择快乐，就真的能快乐。所以，人们常说："应该笑着去面对人生，不管一切如何。"这也正如一位政治家所说："要想征服世界，首先要征服自己的悲观。"

用乐观的态度对待人生，就要微笑着对待生活，微笑是击败悲观最有力的武器。无论命运给了我们怎样的"礼物"，都不要忘记用微笑面对一切。只有微笑着面对，利于自己的局面才能一点点打开。

然而，生活中，许多人一旦陷入困境，就会变得消极、悲观，甚至一蹶不振。其实，并不是困难打败了我们，而是我们自己打败了自己。所以，我们应该给潜意识传达这样的信息：困境是另一种希望的开始，它往往预示着明天的好运气。你可以放松自己的心态，告诉自己希望是无所不在的，再大的困难也会变得渺小。

丰田公司极其重视推销员的自我管理教育。在自我管理的方法，如对工作的认识、建立价值观念、养成计划性、培养实践能力、妥善安排时间、终身学习、注意健康、克服工作倦怠以及如何全神贯注地工作等有关方面的教育上，公司都抓得很紧。有一篇文章反映了丰田公司推销员自我管理的真实情况，文中写道：

"我认为所谓的自我管理，首先就是苛求自己。我把一个星期的工作计划分为上午和下午两部分，把要走访的地方6等分。星期一走访葛饰区立石路的1～100号街，星期二走访第101～200号街，星期三……这样一个星期结束以后，我就会转完所负责的整个地段。我把这种做法作为绝对的、至高无上的命令来执行。上午专门处理接洽生意或类似接洽生意的工作，推销管理工作都安排在每天下午。从下午4点起，处理交谈、修车等工作。我的工作计划大体上就是如此，并坚决执行——这就是我的推销计划，也就是我的自我管理计划"。

追求人生目标的这条路绝不会一帆风顺，生活中既然有挫折、有烦恼，就会有消极的心态和情绪。一个心理成熟的人，不是没有消极情绪的人，而是善于调节自己的心态、懂得给自己做积极的心理引导的人。恰当运用这一心理调节方法，可以给人精神动力。当一个人在面对困难或身处逆境时，自我激励能使他从困难和逆境造成的不良心态中振作起来。所以，如果你正处于困境，就一定要学会鼓励自己，摒除那些消极的想法。

修剪你的欲望,享受简单的快乐

人生在世,我们穷尽一生的时间,大概始终都在寻找快乐的要义。有人认为物质生活的富足就是快乐,其实不然,真正的快乐来自内心,"知足者常乐"就是这个道理。

心理学家认为,人在成长的过程中,一些影响过我们的外部思想观念以及内部形成的观念情感等,无论是正面的还是负面的,都会在我们的潜意识里存储起来,而其中就有快乐。例如,在很小的时候,一个小小的玩具就能让我们快乐,但随着年龄的增长,我们获得的越来越多,反而变得越来越不快乐,这是因为潜意识里积累的东西越来越多,也越来越难体会到快乐。这就好比一个储物箱,当我们需要某个东西的时候,如果箱子里东西很多,就需要把箱子翻个遍,而如果箱子里东西很少的话,就很容易找到了。

所以,心理专家建议,现代社会,我们每个人都应该学会降低欲望,这样快乐才会不期而至。

随着科学技术的发展和物质文化生活水平的提高,我们的周围充斥着各种各样新奇的人、事和物,我们的生活变得多姿多彩起来。然而,当我们习惯了奢侈、繁华的生活时,有一些人反而迷失了自己，或者是失去了正确的价值判断，甚至有时候为了满足物质的欲望，使自己疲于奔命，或者心生为非作歹的念头，从而造成了社会中的不安气氛。

中国人常说"欲望无止境"，孔子也曾说过："富与贵，是人之所欲也，不以其道得之，不处也。贫与贱，是人之所恶也，不以其道去之，不去也。"意思就是：富贵是每个人都想要的，但如果不是用光明的手段得到的，就不要它。贫贱是每个人所厌恶的，但如果不是以光明的手段摆脱的，就不摆脱它。也就是说，我们每个人都有追求成功和幸福的欲望，但不能被欲望控制。

对有些人来说，生命就是一团欲望，欲望不能满足便痛苦，得到满足便无聊，人生就在痛苦和无聊之间摇摆。这样的人生无疑是可悲的。

尼采说："人最终喜爱的是自己的欲望，不是自己想要的东西。"能够控制欲望而不被欲望征服的人，无疑是个智者。被欲望控制的人，在失去理智的同时，往往会葬送自己。

其实，当生活越简单时，生命反而越丰富，尤其是当少了物质欲望的牵绊时，我们更能够从世俗名利的深渊中脱身，感受到自己内心深处的宽广和明净。

你快乐或悲伤，都取决于潜意识的选择

在人类的思维中，潜意识是非人格化的，是没有选择能力的，对于我们给它的指示，是全盘接受的。所以，意识的选择，如想法、前提等是极为重要的。它们传达给潜意识的指示，都是完全不同的。只有选择正确，你的心里才能充满快乐。

心理学家称，一个人的心理状态，快乐或者悲伤，都是潜意识所传达出来的选择。我们要想获得快乐，就要选择快乐，暗示自己是快乐的。人生苦短，正如天气有晴有阴一样，阳光不会一直照耀着我们，我们在人生旅途中也不会一帆风顺。但无论如何，只要我们选择快乐，我们的心就是快乐的；如果我们选择悲伤，悲伤就会被我们装进行囊中，那么，恐怕我们的路会越走越艰难，步子也会越来越沉重。所以，我们要想有好的心态，首先就要选择积极的意识。

那么，现在我们来试想这样一幅画面：春日里，循着一阵清新的气息，你来到溪畔。晨光洒在娇羞的花骨朵上，于是，它们忽然热烈地一层一层漾开绯红的面孔，好像被点

第 5 章　潜意识与心态转换：让潜意识帮你选择积极心态

燃起来的火光，与天空中泼洒过来的霞光浑然一体。当阵阵沁人心脾的幽香随风拂面，你的嘴角自然而然地拉开一条柔和的弧线。这微笑其实就是油然而生的一种对生命的感激和欢愉。

在你看来，这是一幅美丽的画面，但在你生活的周围，却有这样一些人，他们总是把眼光盯在那些随风飘零的落叶、清溪上漂浮的片片花瓣上，所以他们经常伤感。这样的人，他们慈心仁爱、心思细腻，但缺乏宽容、辩证的智慧。欢笑对他们来说只是一件奢侈品。

可能你会问，怎样才能具备积极的心态、笑对人生呢？其实，这完全在于我们自身意识的选择。

在未来的人生路上，无论命运把你抛向何种险恶的境地，你都要毫无畏惧，用笑容去对抗它。你可以尝试从一个新的角度，来看待一些一直让你裹足不前的经历。你还可以退一步，想开一点，然后你就有机会说："或许那也没什么大不了的！"

所以，任何一个渴望成功的人，在奋斗之前请修炼好自己的积极心态。只有这样，在追求人生目标的路途上，你才能无论遇到什么事都坦然面对。

使你感到悲伤的，一般都是过去的失败，或者是过去难以磨灭的痛苦记忆。可能你也深知，只有放下悲伤才能快乐，但你的内心却始终无法从过去的悲伤中跳出来。那么，你不妨从反方向思考一下，过去的已经过去，一味地沉溺在过去的悲伤中，不是也无济于事吗？既然如此，不如忘记过去的成功与失败，给自己一个全新的开始，这样我们才能从未来的朝阳里看见另一次成功的契机。无论你在人生的哪个时刻，即使被命运甩进黑暗，也不要悲观、丧气，因为这时候，你体内沉睡的潜能是最容易被激发出来的。放下痛苦才能赢得幸福，放下烦恼才能收获欢乐！

因此，抛却那些伤心的往事吧，抛却那些失败后的懊恼吧。若想开心地生活，就必须勇于忘却过去的不幸。莎士比亚说过："聪明的人永远不会坐在那里为自己的损失而哀叹。他们会去寻找办法来弥补自己的损失。"

总之，快乐的人总会给自己创造快乐，悲伤的人也总能让自己变得悲伤，不是生活让你怎么样，而是你使得生活怎么样。我们每个人都有自己的快乐，只要你找到它，那么你就会变得幸福。

凡事多往好处想一想

潜意识理论告诉我们，每个人随时随地都在接受暗示，积极的暗示会被我们的潜意识接受，在重复地接受暗示后，就会产生积极的心态。而如果给潜意识输送的是负面的信息，就会产生消极的心态。所以，心理学家提醒我们，遇事多往好处想一想，就能激发自己的潜能，顺利渡过难关。

在生活中，有人幸福美满，有人痛苦不堪；在创业过程中，有人做得风生水起，有人却怎么也不见起色。如此大的差别究竟从何而来？仔细推敲，我们不难发现，前者往往拥有积极的态度，他们凡事都往好处想，而后者总是悲观失望。人生短短数十载，困难和挫折都在所难免，我们不能预知未来，但可以用坦然的心面对。只要做到积极乐观、永不绝望，就一定能渡过逆境。

我们每个人都应该学会在日常生活中培养自己乐观的精神，无论遇到什么事，都不要忧郁沮丧，无论多么痛苦，都不要整天沉溺其中无法自拔，不要让痛苦占据自己的心灵。事实上，积极的思维方式在人生事业中也起着重要的作用，如遇事积极乐观、有理想、努力、拥有一颗感恩的心、善待自己、善待他人等。

推销大师吉拉德的成功，就是源于他相信自己能成功的积极心态。

吉拉德小时候，他的父亲总是给他灌输一种消极的思想——"你永远不会有出息，你只能是个失败者"。这种思想令他害怕。而吉拉德的母亲却相反，她给他灌输的是一种积极的思想：对自己有信心，你绝对会成功的，只要你想成为什么，你就能做到。从父母那里，吉拉德时时感受到两种相反的力量，这两种力量一种令他害怕，另一种让他产生信心。而最终，母亲传递给他的这种思想获得了胜利，这就是他能实现自己梦想的原因。

美国钢铁大王卡内基在少年时期从英格兰移民到美国，他当时真是穷透了，正是"我一定要成为大富豪"这样的信念，使得他于19世纪末在钢铁行业大显身手，而后涉足铁路、石油，成为商界巨富。洛克菲勒、摩根也都是满怀欲望，并以欲望为原动力，最终成为资本主义初期美国经济的胜利者。

人生就像一场比赛，你不可能总是处在优势地位，有时候你甚至会被淘汰出局。但只要你继续参加比赛，就有希望存在，就有可能获得满意的成绩。天才未必就能富有，最聪明的人也不一定幸福，想要摆脱人生的困境，就要记住让希望的阳光照进心田，要努力拯救自己，摆脱困境。

心理学研究发现，一个人若对自己持正面的看法，他就能对自己做积极的自我暗示，并能始终对未来产生乐观的看法和态度。那么，他离幸福就不会太远。因此，我们常说，成功往往只会青睐那些有积极心态的人。

你可能遇到了某些困难，或者遇到了某些不顺心的事，而你也可能会因此变得沮丧。当你情绪消极时，可以这样暗示自己："再大的困难，我也能挺过去！我就不信我战胜不了！"

有人说，思维方式决定一切，这句话是很有道理的，不同的思维方式会给潜意识传达不同的信息。思维方式是积极正面还是消极负面，都会改变你看问题的角度，而从不同的角度看问题，结果往往有很大差异。这就是所谓的"横看成岭侧成峰，远近高低各不同"。总之，乐观主义者大多也是实事求是的现实主义者，这两种心态能有力促进问题的解决。

调整潜意识,"装"出你的好心情

人们通常认为,人的心态、情绪会导致某些行为,如生气时会骂人,高兴时会开怀大笑等。而实际上,我们也可以反过来思考,我们的行为也会产生某些心态和情绪,如悲伤时我们会哭泣,但我们哭泣的话,也会引发悲伤的情绪。心理学家提出了一个"假喜真干"的概念,意思就是,你假装自己喜欢做某件事,或从事某种工作,那么,你就会真的喜欢起来。

曾经有报道称,日本人为了改变自己压抑的性格,采取了一种训练笑容的方法:他们每天会用半个小时,拿起一根筷子横着咬在嘴里,固定好面部表情后将筷子取出。此时,人的面部基本维持在一个微笑的状态,慢慢就会笑得更加熟练了。

这种看似荒谬的做法其实是有科学依据的。心理学家普遍认为,除非人们能改变自己的情绪,否则行为通常不会改变。所以,我们若想获得快乐,可以假装快乐,当然,这首先需要我们调整自己的潜意识,向潜意识传达积极的想法和指令。其实,在生活中,我们也可能有这样的体会:当孩子

第 5 章
潜意识与心态转换：让潜意识帮你选择积极心态

哭泣时，我们会逗他们说："笑一笑呀！"孩子勉强地笑了笑之后，跟着就真的开心起来了，这就很好地说明了行为的改变将导致内心改变。

美国著名教育家卡耐基提出："如果你'假装'对工作感兴趣，这种态度往往就会使你的兴趣变成真的。这种态度还能减少疲劳、紧张和忧虑。"

娜娜是一位办公室文秘，她的工作就像人们所说的打杂一样，除了要给经理倒咖啡、买早饭，处理一堆琐碎的文件，还要抄写和打字。她每天工作很忙碌，而且枯燥乏味，毫无技术含量，她常被累得精疲力竭。后来她想："这是我的工作，单位对我也不错，我应该把这项工作做得好一些。"于是，她决定假装喜欢这份令她讨厌的工作。可是一段时间以后，她发现自己居然真的喜欢上了这份工作。而她发现，她的上司是个很和蔼的人，每天和他一起相处很自在，她也很乐意为他效劳。在处理那些文件时，她也更加认真起来。有一次，她发现文件中有一个数据问题，为公司避免了高达数百万元的损失，她也因为这件事升职了。现在，她经常超额完成任务。这种心态的改变所产生的力量，确实奇妙无比。

从娜娜的工作体验中，我们发现，人的行为是可以由情绪引发的。根据这种观点，人可以通过控制行为来控制自己的情绪。

英国小说家艾略特说:"行为可以改变人生,正如人生应该决定行为一样。"当我们心情不好时,我们可以先微笑,然后多回忆曾经愉快的时光,用微笑来激励自己,那么,你就能"装"出一份好心情。

你可能会问,该如何"装"出好心情呢?

最常见的一个办法是,当你生气的时候,可以找一面镜子,对着镜子努力做出微笑的表情,持续几分钟之后,你的心情就会好起来。这种方法叫作"假笑疗法"。

这种方法很有效果。每天早上,如果你能先笑一笑,那么接下来的一整天,你都会有好心情。

原一平曾在日本保险界连续15年获得年度销售冠军,而他成功的秘诀之一就是"微笑"。

关于长相,原一平可以说是其貌不扬,他的身高只有1.53米。和很多保险推销员一样,在刚开始从事这一行业时,他半年都没有卖出去一份保险。那时候,为了生存,他只能睡在公园的长椅上。

原一平知道,单看长相,自己毫无优势可言,但微笑是获得他人信任的法宝。为了获得这一法宝,原一平开始每天一早就在公园里对每一个遇到的人微笑,不管对方是否在意或者对他回以微笑,他都不在乎。终于有一天,一个常去公园的老板对原一平的微笑产生了兴趣，他不明白一个吃不饱的人怎么总是这么快乐。于是，他提出请原一平吃一顿饭，可原一平却请求这位大老板买一份他的保险，大老板答应了。接着，这位大老板又把原一平介绍给了许多商界的朋友。

通过这件事，原一平初次体会到了微笑的魔力。后来，他通过进一步观察发现，世界上最美的笑是婴儿的笑容，那种天真无邪的笑能够散发出诱人的魅力，令人如沐春风，无法抗拒。因此，他开始练习这种微笑。

经过长期的练习，他掌握了38种笑：逗对方转怒为喜的笑，安慰对方的笑，岔开对方话题的笑，消除对方压力的笑，重归于好的笑，两人意见一致时的笑，吃惊之余的笑，挑战性的笑，大方的笑，含蓄的笑，假装糊涂的笑，心照不宣的笑，遭人拒绝时的苦笑，压抑辛酸的笑，无聊时的笑，郁郁寡欢时的笑，热情的笑，自认倒霉的笑，使对方放心的笑……

他对笑的运用达到了炉火纯青的地步。他可以针对不同的客户展现不同的笑容，用微笑表现出不同的情感反应，并让对方露出笑容。

世界上最伟大的推销员乔·吉拉德也曾说："当你笑时，整个世界都在笑。"实际上，微笑给我们带来的，不仅是良好的人际关系和顺心的工作状态,更重要的是,我们在训练微笑的过程中,获得了一份好心情,而有了好心情,自然万事如意了。

第6章

认识潜意识，了解人类心灵的工作原理

毋庸置疑，人类的思维是个神秘的领域，其中一些领域是能被人们察觉和认识的，还有些领域是不能被人们认识到的。前者是心理学上的显意识，而后者则是潜意识。显意识负责的是理性的、分析的部分，而潜意识负责的是直接的、主观的部分。其实，从我们来到这个世界的第一天起，潜意识的力量就已经属于我们了，我们很多的行为都是潜意识的产物，为此，我们有必要了解和剖析潜意识。

潜意识与显意识有何区别

人的意识有潜意识和显意识之分。在我们的行为活动中，我们会知道为什么要做某件事，能够清楚地意识到自己内心的活动，这就是显意识的内容。而我们在做很多事的时候，并不清楚其背后发生的意识活动。在这种情况下，在背后起作用的就是潜意识。例如，我们每个人在做某件事或者进行某个抉择的时候，几乎都会受到价值观的影响，但是我们并未意识到它的存在，因为价值观在很多情况下是以潜意识的方式存在的。除了价值观外，还有人生观和世界观，许多情况下，它们是作为潜意识而存在并起作用的。

所以，在我们的意识中，"讲道理"的部分是显意识的，是理性的，是按照理性的思维方式在思考问题的，而潜意识的部分则是非理性的。因此，我们的思维在面对一些理性事件的时候，起作用的就是显意识，如我们在课堂上课时，这些理性的事件一般不会影响到我们的潜意识。

那么，我们的潜意识会被哪些东西影响呢？主要是那些暗示性的、感性的刺激，尤其是当我们的显意识处于放松状态，不会对这些刺激产生作用的时候。例如，很多商业广告通过利用潜意识对我们产生作用。

那么，显意识和潜意识到底有什么区别呢？

1.从是否可以推理上区分

显意识是能进行推理，并且能做出选择的。你可以对很多事进行显意识的选择，如你可以选择专业、伴侣、住房、工作等。而潜意识则一般不需要主动选择，潜意识无法进行推理，也不会与你的意识进行争论。

举个形象的例子，潜意识就好比孕育种子的土壤，而显意识就是种子。负面的、消极的、坏的思想就会长出不好的、毁灭性的种子。

潜意识并不能分辨真假和善恶，如果你告诉它某件事是真的，潜意识就会认为它是真的，但实际上未必如此。

心理学家做过大量的实验，实验表明，人在处于催眠状态时，对所有的指令和暗示都会接受，即便它们是错误的，也会做出相应的反应。

当人进入催眠状态后，哪怕催眠师暗示他是猫或者狗，暗示他是另外的某个人，他都会接受。曾经有一个催眠医师，在受试者进入催眠状态后，分别告诉他们：你的背要发痒，你的鼻子流血了，你现在成了一座塑像，你现在被冻起来了，现在的温度是零下……之后，每个受试者所做出的反应均与催眠医师暗示的内容有关。

2.从主客观心理来区分

潜意识是非人格化的，是没有选择的，是什么都接受的。因此，我们对想法和前提的选择是极为重要的，这些都是有意识选择的部分。我们只有正确地进行选择，才能让内心充满快乐。

显意识是客观心理的部分，是我们通过观察、感受、推理和分析获得的认识。客观心理最擅长的就是推理。假如你经常到上海旅游，大概每次你到上海之后，都会有这样的感慨：上海是现代化的大都市，到处都是高楼大厦、美丽的花园、时尚的街区……这都是客观心理工作的结果。

潜意识常被人称为主观心理。主观心理不擅长推理，而是通过自己的无意识来观察的，是通过直觉获得的。记忆的存储仓库是它产生情感的地方。当你的五官功能不怎么活跃的时候，就是主观心理的功能最为活跃的时候。

相对来说，主观心理观察事物不需要使用视觉功能，它有超人的视力和听力。主观心理带来的信息往往很真实、很准确。

总之，潜意识就像一个只会执行命令的机器人，你给它的指示，它会全盘接受，即便是错误的。在过去，你所经历过的所有事情都会被存储起来，并逐渐形成你的想法、信仰、观念，影响着你的心理和行为。

如果现在你认识到自己传达的是错误的想法和观念，那么，你就要不断进行自我暗示，将它改正过来。这些暗示必须是积极的、正面的、和谐的和具有建设性的，这样，你的潜意识就会重新接受新的思维习惯，然后把它们储存起来。

　　如果现在的你正处于恐惧之中，总是担心会发生一些灾难性事件，想要做出改变。这其实不难，你完全可以通过潜意识来改变，你可以给它指示，让它接受你本来想要的自由、幸福和健康的想法，那么，很快你就会有自由、幸福和健康的感受。

人的潜意识是如何工作的

"潜意识"这一心理学术语是由心理学家弗洛伊德提出来的,他认为,潜意识是一股存在于人类意识之下的神秘力量,虽然它一直存在,却未被我们认识和探究过。

很多人认为,潜意识是高深的心理学命题,而其实,潜意识并没有人们想象得那么神秘,它也一直有着自己的工作原理。

不少心理学家一致认为,我们从出生以来所得到的最好的生存信息,都藏在了潜意识里,只要懂得开发潜意识,就没有实现不了的愿望和达不到的目标。你只需要深谙潜意识的工作原理,并懂得如何与它建立默契的合作关系,它就会促进你的成功。

我们要做的第一步就是认识潜意识。为此,我们首先需要了解潜意识的工作原理:

1.多次重复一个观念,这个观念就会被接受

潜意识是不会分析对错的,对于我们给出的指令,它会照单全收。所以,在潜意识里,"哪怕是谎言,如果说了一千遍,就会成为真理"。所以,不少人在购物时都会受到

商业广告的暗示，他们可能会不自觉地选择那些打了很多次广告的商品，因为他们的大脑里会有这样的声音："没事的，这么知名的品牌，不会有问题，不买才是错误的。"

所以，我们的观念存储起来形成的潜意识并不一定是符合事实和真理的。不过与此同时，我们也应该看到，潜意识接受观念和信息，是需要进行很多次的重复和确认的。

当然，我们的行为也不是完全被潜意识所控制的，因为我们还有显意识，显意识和潜意识之间是存在沟通和联系的，但每个人的显意识控制潜意识的能力如何是不一样的。并且，一个人之所以会形成某种观念，往往是内因通过外因起作用的。人们大多不会被强迫接受某种观念，这需要一个过程，不过完成这个过程之后，他们就会自动接受这个观念，并且认为这个观念毋庸置疑。

当然，内在因素方面，每个人的素质、心理状态和智力都有所不同。例如，面对事业失败、婚姻不和、人际关系不顺等，一些人会认为自己的生活一团糟，人生毫无意义，前途渺茫。被负面心理包围后，他们的世界都是消极的因素，他们认为已经找不到让自己快乐和存在的理由了。

面对上述失败的情况，也有一些人的态度完全不同。他们告诉自己：还有人比我更坚强吗？我的生活遇到了那么多困难，但至今，我还坚强地生活着，并且，既然连死亡都不怕，还有什么是可怕的呢？我一定还能找到翻身的机会，只要我有勇气，只要我敢于卷土重来。他们相信自己，所以他们不但没有灰心丧气，反而精神抖擞。于是，他们可能会从办公室走出来，微笑着离开公司，回到家，好好地洗个澡，然后美美地睡一觉，并决定一切重新开始。

所以，潜意识引起的后果是积极还是消极，最终的决定权其实是在我们自己手中的，我们的内在因素推动了潜意识，如我们的心态是乐观还是消极、我们在某个瞬间的抉择，以及我们已经养成的某种习惯等。所以，我们常说环境让人产生了变化，其实是我们的内心对外在环境是否认同，影响了我们接下来会用怎样的态度来对待种种际遇。

2.相信的一切最终都会实现

有成功者起点很低，但是最终他们成功了。而那些有着成功条件的人，却大多最后泯然众人，这是为什么呢？

从潜意识的角度分析，我们需要明白，只要你的潜意识接收了你的指令，你马上就会看到它变为现实。而假如你是个有信仰、有梦想的人，并决定将自己的计划执行到底，那么，最终你的计划会实现。

问题的关键在于，潜意识并不能明辨是非，也不懂得分析，而是会毫不犹豫地照单全收。所以，如果你传达给它的是积极正面的信息，它就会为你带来成功、财富和阳光。而反过来，你得到的就会是失败、痛苦和黑暗。

所以，你一定要相信，尽管你现在过得很艰难，但你一定能度过这段时期，因为你有信仰。你要相信自己会找到一份体面的工作，相信你的生意一定会有转机；反过来，如果你认为自己现在的情况糟透了，不愿意专心于手头的工作，不愿意交朋友、与同学聚会，白天没精力、晚上失眠，久而久之，你可能会逐渐变得平庸，没有了当初的激情。

总之，对潜意识而言，我们的心灵才是真正的操控者，我们只有向潜意识下达强烈的指令，它才会开始实践，并影响我们的行为。

人类的一切行为都产生于潜意识

我们可以说，每个人的行为都是潜意识的产物。其实，不管我们有没有意识到，潜意识是始终在控制着我们的。的确，当一个人处于正常的状态时，我们难以窥见潜意识的运作，而此时，梦就是我们观察潜意识活动最为直接的渠道。那些被催眠的人往往会完全接受催眠医师的指令，就是这个道理。

在那些精神疾病者身上，潜意识的运作会非常明显。例如，他们常常被那些难以名状的恐惧、无法解释的焦虑和超越常理的欲望所折磨。在他们身上，理性的意识所呈现的内容很微弱，似乎潜意识掌控了他们的所有。

潜意识没有辨别分析能力，并不是说潜意识带来的都是负面作用，只不过在病人身上，我们比较容易观察到而已。其实，潜意识的力量是强大的、神奇的，因为在命令的主导下，潜意识会调动无穷的生命潜力和丰富的智慧，运用我们过去学习到的知识，去帮助我们实现目标。

潜意识可分为低层、中层、高层三个层面，每个层面对人们行为的影响都是不同的。

1.低层潜意识

低层潜意识是本能冲动、内驱力、生理反应的世界。人体的很多生理机能是不需要人的意识来参与的，如肺部自己会呼吸，肠胃自己会消化，心脏自己会跳动，脑垂体自己监管各种激素的分泌，免疫系统自动防御入侵体内的细菌、病毒，这一切都由低层潜意识包办了。

2.中层潜意识

精神分析学派将中层潜意识称为"前意识"，是指在平时没有被我们存储起来的材料，而一旦我们的思维进行了思考和回忆，这些材料是能被顺利找出来的。这些材料就位于中层潜意识。例如，"你的电话号码是？""你高一时的班主任叫什么名字？"等，这些问题还没提出之前，资料并不在你的意识中，而是储存在中层潜意识。意识和中层潜意识之间并没有鸿沟，很容易借着反省而进入意识层面，有时一个反问就足够了。不过，凡是埋藏在低层潜意识的信息，都很难被发觉，这是心理治疗者最大的挑战区域。

3.高层潜意识

对作家而言，当灵感出现的时候，他们能奋笔疾书，佳句连篇，字字珠玑。事后，可能连他们自己都很惊讶："我怎么能写得这么好？简直如有神助。"这时，我们可以说，他们在那时接通了高层潜意识，达到了平常状态下不能到达的境地。

例如，人在催眠状态中，一旦接通了高层潜意识，就会产生很多奇妙的现象，以及令人惊叹的治疗效果。除此之外，无论是科学实验还是艺术创作，都与高层潜意识有关。

马斯洛说："人格中早就存有一种'高级电路'，就像低层潜意识一样，操纵了我们的喜怒哀乐。高峰经验、创造能力、美学观点以及灵性修持，都是这些高层能力的表现，它是实现我们内隐的完善境界的自然趋向。"

无论如何，潜意识都在勤奋地为我们工作着，与我们的人生紧密相关，是灵魂的主人，直到我们死去。成功和失败，如意和失落，都由它左右，心灵的每个角落，也都由它替我们打扫。

潜意识从何处产生

在日常生活中，人们对于"潜意识"这样一个名词大概已经耳熟能详了，这是心理学中精神分析学范畴的词汇。对此，精神分析学派的学者认为，潜意识是我们无法看见的人类心灵深处蕴藏着的巨大力量。那么，什么是潜意识，潜意识又来源于哪里呢？

精神分析学家西格蒙德·弗洛伊德将潜意识分为前意识和无意识，又称前意识和潜意识。他所谈的潜意识，是一种与理性相对立存在的本能，是人类固有的一种动力。弗洛伊德称，人类有追求满足的、享受的、幸福的生活的潜意识。这种潜意识虽然看不见摸不着，却一直在不知不觉中影响着人类的言语行动。在适当的条件下，这种潜意识可以升华为人类文明的原始动力。

所以，潜意识是无法被人们察觉到的，但是它确实随时随地影响着我们的行为和生活。例如，我们如何看待自己的行为，我们所做出的任何一个抉择。所以，潜意识所完成的工作是人类生存和进化过程中不可或缺的一部分。在我们的思想构成部分中，除了潜意识外，还有意识，但是潜意识的力量比意识大很多。

心理学家称，潜意识大致有三个来源。

第一个来源是先天的潜意识部分，一些人认为这是前世因素，还有一些人认为来自基因，此处，这一部分我们暂不讨论。

第二个来源是"潜移默化"或"熏陶"。也就是说，在工作、学习、生活以及人际交往中，我们会接触到很多的人和事，这些人和事都会进入到我们的心里，成为我们潜意识的一部分，在暗中起着作用。

第三个来源是在我们的显意识中，随着时间的推移，一些内容逐步沉淀下来，然后进入到我们的潜意识中。例如，我们的一些习惯和信念等，我们常说的"习惯成自然"讲的就是这个道理。

其实，自从我们来到这个世界，潜意识便开始形成了。例如，父母的教育思想、他人对我们的期望、家庭环境的熏陶、学校的教育、在成长过程中获得的阅历、在头脑中逐步形成的观念与思想，还有一些积极或负面的情感等，无论是好是坏，都会在我们的潜意识里存储起来，形成我们丰富的内心世界和灵魂。它们是我们形成新的思想、心态、智慧取之不尽、用之不竭的素材和信息源泉。

心理学家称，人的潜能是深藏于潜意识之中的，所以，人要激发潜能，可以从潜意识入手。

潜意识包罗万象，内容丰富而神奇，那么，我们应该如何开发和利用它呢？以下四点可供探索和参考：

1.学会训练和开发潜意识中的超强记忆功能

我们从出生开始的所见所闻，都会被潜意识储存起来，而这些事物包罗万象，虽有好坏之分，但潜意识却不分好坏，统统"记录在册"。

为了提高潜意识的储存效率，你可以借用一些辅助手段，如重要资料重复输入，重复学习，提高记忆力，建立看得见的信息资料库——分类保存图书、剪报、笔记、日记等，以便协助潜意识为我们的创造性思维和其他聪明才智服务。

2.训练对潜意识的控制能力，从而帮助我们走向成功

潜意识并没有辨别是非的能力，所以，无论是积极的还是消极的内容，都会被吸收。这些内容常常跳过意识的控制，直接支配人的行为或形成人的各种心态。我们可以说，成也潜意识，败也潜意识。

因此，我们要训练自己，努力开发利用有益的、积极的、促进成功的潜意识，对可能导致失败的、消极的潜意识加以严格控制。

具体地说，我们要珍惜原来潜意识中的积极因素，并不

断输入新的有利于成功的积极信息资料，使积极与成功的心态占据统治地位，成为最具优势的潜意识，甚至成为支配我们行为的直觉习惯。

3.利用潜意识自动创造思维的功能获得创造性灵感

我们可能都有过这样的经历，有时候，我们为某件事苦思冥想，却想不出一个结果，然而却在梦中或者散步等情况下灵光乍现。所以，我们可以随身携带纸笔，将那些随时出现的灵感记录下来。

4.心念目标，不断地想象、自我确认、自我暗示

假如你想和别人一样获得成功，你就不断地、反复地暗示自己：我一定会成功；假如你想获得财富，你就告诉自己：我一定会很有钱；假如你想要让自己的业绩提升，你就告诉自己：我的业绩一定会不断地提升。

按照这种自我暗示的方法，不断地练习，你的潜意识就会获得指令，你的行为和思想也会接收到潜意识的指令，然后执行这样的指令，最终助你达成目标。

人生的高度如何取决于潜意识释放能量的多少

生活中,我们都希望能获得成就,成为成功人士,我们也知道自信在这一过程中的重要性。然而,我们看到更多的是那些充满恐惧和怀疑的人,他们总是念叨:"万一失败了怎么办?亏钱不说,还会成为笑柄。"这种人不会走得太远,他们害怕前行,所以总是原地踏步。

其实,大部分人都希望能获得一股力量,帮助他们达到自己的目标。那么,我们去哪里寻找这样的力量呢?答案非常简单:只要学会与潜意识建立联系,并发挥出它的力量,那么你的人生从此会绚丽多彩。

在我们的潜意识中,既蕴藏着成功与创造的力量,又包含着自我毁灭的程序,而且它从来不会食言,总能为你的选择提供最佳方案。也就是说,潜意识会利用以往的所有经验和那些被存储下来的知识,萌生出无穷的力量和智慧;它会将所有的自然规律都加以总结和利用。有时它会立刻解决问题,有时则需要几天、几周或更长的时间,但所有的问题最终都会被解决。

所以,如果一个人自信、心态开放,那么,潜意识就会给他提供无穷的智慧，不断激发他的创意和灵感，最终让他走向更高的人生高度，帮助他实现人生理想。

现实生活中，有这样两类人，他们具备同等的能力，做出相同程度的努力，但一类人最终能够成功，另一类人却以失败告终。其中的差别是什么呢？对此，有学者给出的解释是："人们往往容易把原因归结于命运、运气，其实主要是由愿望大小、高度、深度、热度的差别而造成的。"可能你觉得这未免太过绝对了，但事实上，这正体现了信心的重要性，因为废寝忘食地渴望、思考并不是那么简单的行为。你必须持续拥有强烈的愿望，并不知不觉地把它渗透到潜意识里去。

的确，自信的产生是自我意识的选择。一个人可以选择促进成功的自信，也可以选择束缚自己的自卑，这一切全由自己来决定。如果你想选择自信，你应该先弄清自己身上的优点，将它们记在心里，不断地告诉自己："我身上拥有无限的能力和无限的可能性。"当你弄清了自己的强项，选择和发挥自己最擅长的能力，就自然产生了自信。

爱默生是美国著名的学者，他曾经说："你，正如你所思。"一些人之所以能成功，就是因为他们对自己有一种积极的评价，从而产生自信。所以，如果人能挖掘出潜意识的自我，能认识到自己的潜能，就能产生信念，产生不断向前的原动力。

无论你希望自己在将来成为什么样的人，都要相信自己一定能做到。试想一下，如果一个人对自己的未来都没有强烈的信心，又怎么能征服别人呢？

曾经有人问康拉德·希尔顿："你是何时得知自己将会成功的？"希尔顿的回答是："当我还穷困潦倒到，必须睡在公园的长板凳上时，我就已经知道自己将会成功。"马云也曾说："今天很残酷，明天更残酷，后天很美好，但大多数人都死在了明天的晚上，看不到后天的太阳。"是的，人就是这样，只有你有坚定的获得成功的愿望，才能勇敢地去克服、面对困难，战胜今天、明天残酷的现实，后天的太阳一定会为你升起。可如果你不这样做，就只能"死"在明天的晚上，永远看不到后天为你升起的太阳！

要知道，困境不一定真的是一座无法翻越的大山，只不过你会感觉到痛苦。信念是一种无坚不摧的力量，能催眠我们，让我们充满信心。当你坚信自己能成功时，你必能成功。

所以，从现在起，别再犹豫了，下定决心，运用你的潜意识，去创造更崭新的人生吧。你的潜意识世界就像天空一样广阔、像大海一样宽广，你要善于发掘内心的这座宝藏。这样，你才能洞察先机，未雨绸缪，才能克服将要出现的所有危机。只要你能发挥潜意识的作用，你就能获得智慧，实现理想的人生。

总之，我们每个人的心中都有一个梦想，但是否能实现梦想，成为自己想成为的人，关键就在于你是否能挖掘出自己的潜能，是否能在潜意识中找到自信。当然，在追求梦想的过程中，我们都会遇到挫折，此时，我们需要做的就是不断暗示自己，坚定自己的信念，勇敢向前，一步一步向自己的梦想靠近。

第7章

潜意识与人生：人生安宁的本源在于潜意识

什么是幸福？幸福又来自哪里？这大概是我们每个人都在寻找的答案。实际上，幸福是人的一种感受，人们幸福与否，也是潜意识传达出的感受。心理专家建议，幸福的秘诀在于把握现在，在于时刻感悟。有人说自己是不幸的，认为生活中总是充斥着烦恼，而实际上，人生的幸福与烦恼可以是等量的，关键在于你如何感受它们。假如能用心去感受，你一定能被幸福包围。

第 7 章
潜意识与人生：人生安宁的本源在于潜意识

问问自己，你真正热爱什么

从潜意识理论中，我们发现，人是拥有巨大的潜能的，人的潜能就藏于潜意识之中，而这种潜能需要一种强烈的追求来激发，那就是兴趣。心理学研究表明，人一旦对某种活动或某个事物产生兴趣，他就会倾注热情，就能提高从事这种活动的效率。

德国哲学家尼采曾说："如果你想了解最真实的自我，那么，你首先要真诚地回答以下几个问题：什么能让你感到灵魂得到了升华？什么能填满你的内心、让你感到喜悦？你究竟对什么东西入迷过？只要回答这些问题，你便能明白自己的本质，那就是真正的你。"

尼采这句话的含义是，一个人只有找到令自己真正感兴趣的事物，才能激发出自己的激情，才能让自己狂热起来，也才会有所成就。

的确，人所有的行为都是直接或者间接按照自己的意志去行动的，而这一切都必须有足够的动机。不过，任何纯被动的行为都是无法持续太久的。只有有了内在的动力——兴趣、奋斗、努力的行为才能够高效地持续下去。

人们常说，兴趣是最好的老师。科学家丁肇中用6年时间读完了别人10年的课程，最后还发现了"J粒子"，成为第一位获得诺贝尔奖的华人。记者问他："你如此刻苦读书，不觉得很苦很累吗？"他回答："不，不，不，一点儿也不，没有任何人强迫我这样做，正相反，我觉得很快活。因为有兴趣，我急于探索物质世界的奥秘，比如搞物理实验；因为有兴趣，我可以两天两夜，甚至三天三夜待在实验室里，守在仪器旁。我急切地希望发现我要探索的东西。"

可见，兴趣是我们的原动力，有了兴趣，才有无穷的动力使你在某个领域当中越钻越深。有了兴趣才有勤奋，有了勤奋，才能成就辉煌和成功。

因此，我们在做自我剖析前，一定要记住，只有先搞清楚让自己狂热的事物是什么，才能找到努力和奋斗的方向。一个人如果在自己感兴趣的领域里从事自己最擅长的事情，那么，他成功的概率就会大大提高。

睡眠质量差，如何从潜意识调节

睡眠对于人们的重要意义早已毋庸置疑。然而，现代社会，好好睡一觉已经被不少人认为是一种奢侈，很多人都存在或轻或重的睡眠问题，并且，有近40%的人都被失眠所困扰，其中又有一半已影响到日常的工作与生活。

人们总是以为，失眠是精神上或心理上的问题，是由于内心紧张、无法放松而造成的"脑神经衰弱"。但事实上，心理医生称，对大部分有失眠痛苦的病人来说，他们在精神或者心理上完全没问题，并不是所有的失眠问题都应归咎于脑神经衰弱。并且，心理专家提醒我们，倘若失眠超过1年，没有经过适当的治疗，则容易产生精神方面的疾病，如抑郁症或焦虑症等。

那么，失眠是怎样产生的呢？

1.身体因素

任何身体上的不适都有可能导致失眠。

2.心理因素

在心理疾病方面，如焦虑症、抑郁症是会影响睡眠的。如果不治疗，睡眠也很难得到良好的改善。

3.特定事件引发的睡眠问题

为此,催眠师在为一些失眠病人治疗时,会引导他们回答以下几个问题,如"你是从什么时候开始失眠的?""在那之前的一段时间段里,工作、生活中是否发生过什么事件?"在这些引导下,催眠师就有可能找到患者失眠的原因。

一位女性来寻求心理治疗师的帮助,她说自己失眠1个多月了。在治疗师的引导下,她进入了催眠状态,并道明了自己失眠的原因:原来在1个多月前,她的同事流产了,而她认为同事流产和自己有关。因为在那段时间,她感冒了,随后,她的那位同事也感冒了,然后同事就流产了。她认为同事流产的原因是自己把感冒传染给了同事,为此她感到十分愧疚,结果就失眠了。

4.无明显原因的失眠问题

一些人长期失眠,但身体也没有什么疾病。催眠专家把这种情况归结为是压力造成的失眠。压力通常包括精神压力、情绪压力、心理压力,而且是短期内无法消除的。

有一位50多岁的女性来寻求医生的帮助,她称自己长期失眠。经过了解,医生知道了她的一些情况。因为经济状况不好,夫妻离婚,要供儿子上大学,所以她不得不努力打工挣钱。

医生决定帮她做个催眠,在这个过程中,她的身体始终处于紧张状态,放松不下来。尽管后来又练习了很久,但依然做不到。

后来,在接受治疗的两周内,她可以好好睡觉了。然而,两周之后,她又开始失眠。对于这种情况,催眠的确可以改善她的睡眠情况,但效果并不能持久。因为她的压力会把她重新带回紧张的状态。其实,她应该学会在日常生活中调节自己的潜意识。

心理专家建议,要治疗失眠,除了寻求催眠专家的帮助外,患者自己也可以通过自我暗示进行调节。不管你是哪种情况,是长期失眠还是偶尔失眠,这个方法都可以帮助你缓解。

那么,我们该怎样进行自我调节呢?可以看一下下面的方法:

(1)将你身上某些束缚的东西先去掉或松开,如发卡、领扣、腰带、护膝、鞋带等。

(2)找到自己认为最舒服的姿势躺下或者坐好(以不妨碍呼吸和各部位肌肉放松为前提)。

(3)轻轻闭上眼睛,然后自然地做几次深呼吸。在这一过程中,你要用心体验胸部的轻松、舒适。每次深呼吸后要体验一会儿,感到轻松、舒适后再做一次。

(4)按照顺序放松你身体的各个部位。你可以按照以下顺序放松：两脚、双腿、臀部、胸部、双手、双臂、双肩、颈部、头部和面部肌肉。

要放松某个部位时，你可以先把注意力放到该部位，然后在心里默念该部位肌肉"放松、再放松"。接下来就是用心体会放松的感觉了。按照顺序放松和感受，在完成了该部位肌肉的放松后，你可以接着放松下一部位。

（5）睡觉前进行自我暗示。"现在全身的肌肉已经十分放松了，很舒适，身体在一点点地往下沉，下沉……"（此处，我们要体验的是全身肌肉放松的感觉，所以不要睁开眼。）

"我的眼睛越来越舒适，不想睁开，不想睁开……"（体验眼部舒适和不想睁开的感觉。）

"我就要睡着了，就要睡着了，会睡得很踏实、很解乏，准时醒来，（具体时间自己拟定）醒来后身体轻松、头脑清晰、心情愉快……"

"从一数到五，我会飘然进入催眠状态，现在我愉快地睡着，一，二，三，四，五……"

其实，除了改善睡眠质量外，这种方法还可用来克服自卑感、增强记忆力和治疗心身疾病等，这是潜意识唤醒了你被压抑的心理对生理的控制力。

积极的自我暗示，让你的内心获得力量

人很容易被暗示，一些人经常会迷失自己，妄自菲薄，无法客观地看待自己。但其实，我们可以通过暗示来剔除内心负面的信息，暗示自己是优秀的，暗示自己应该抬头挺胸。例如，夜深人静时，你坐在椅子上，或者沙发上，或者正站着，翻阅着手上一本书，其实你并没有认真看，你是在思考自己，思考自己应该有更好的表现。而且，当一个人自惭形秽时，积极的心理暗示能让我们获得力量。

小蕾是个很勤奋的姑娘，但有个缺点，那就是她有点自卑，甚至做事扭捏。她在现在这家广告公司已经工作了五六年了，但这么长时间以来，她好像就是个可有可无的人。尽管她几乎接手过所有重要的任务，在大家看来，小蕾仍只是个人品好、工作认真的女孩。

最近，她似乎转运了，在公司的选举大会上，她被同事们选为公司新部门的副主管，她总算进入了中层管理人员的行列，公司还给她安排了去法国总部进修的机会。

一直业绩平平的小蕾居然有此机会，很多人都急红了眼，他们争相往老总的办公室跑，希望也能争取到这个

机会。

这天上午，小蕾正在整理资料，她接到电话，经理让她去办公室一趟。当她坐下后，经理笑着说："这次你被老总点名派去法国进修，说明公司对你寄予厚望，你的工作能力和态度也是一直被公司肯定的。但这几天，一些资历老的同事不断来找我，让我十分为难。你也知道，他们的资历确实比你老，工作能力也不比你差，如果你能让步，下次我一定再给你争取更好的机会。"

经理说完这些话后，小蕾傻站了半天，她不知道该怎么办。接着，经理让她回去好好想想。

小蕾实在不知道怎么办，最后，她决定给自己的好朋友李倩打个电话，让她为自己支个招。李倩告诉她，她只不过是心中缺少自信罢了。

接下来，李倩问小蕾："如果你让出这次机会，你觉得别人在背后会怎么议论你？"小蕾并没有回答。李倩又说："其实你是一个能力很强的女孩，不是吗？从小到大，你每次考试都能取得很好的成绩，你也曾在歌唱比赛中得过奖，这些你还记得吗？当时在台下的人，都为你鼓掌。你看到了吗，所有人欣羡的眼神……"

听到好朋友这样说，小蕾的眼神里已经多了一份自信，然后，李倩继续对她说："你以为别人会说你善解人意、先

第7章
潜意识与人生：人生安宁的本源在于潜意识

人后已吗？别傻了，他们会说你傻、缺心眼。已经到手的学习、升职机会你拱手于人，他们不但不会感激你，还认为你是个傻瓜呢。而你的领导也可能认为你缺乏干练的工作能力。你以为他下次会真的把机会留给你？你就别做梦了。"

小蕾急了："可是，经理还等着我回复呢。我要是不答应，那以后我还怎么在公司混啊？"

李倩继续说："我劝你还是直接说自己需要这次机会，否则，你经理可能还会认为你忸怩作态呢。再说，万一这是他故意试探你的呢？如果你真的退让了，让别人拿走了本该属于你的机会，以后他会稳稳当当地继续当领导，或者升职调去其他部门，那么你能剩下什么、得到什么？等到下次，说不定又有人要跟你抢呢。"

小蕾觉得李倩的话很有道理，于是采纳了她的意见，回复经理说："我很感激公司和经理对我的栽培，我也很珍惜这次出国进修的机会。"

进修回来后的小蕾果然干练、大方多了，比过去少了很多稚气。

这则故事中，我们看到了一个稚嫩的职场女孩在接受好朋友的心理疏导后变得积极、自信，然后开始大胆表达自己的想法，获得历练机会的过程。

的确，生活中，我们可能更在意别人对我们的评价，无时无刻不在展现我们的心态，无时无刻不在表现希望或担忧。但如果别人因为我们经常表现得消极软弱而认为我们无能和胆小，不相信我们的能力，那么，我们将永远不可能有担当大任的机会。

其实，我们完全可以通过自我暗示来增强自信，让自己积极起来。所以，永远不要对自己说"我很笨""我根本学不会""我不可能成功""我麻烦了""我真糟糕""我绝对不行""我肯定会失败""我一定赢不了"……消极、负面的字眼会产生消极的暗示，导致消极的行为。如果你经常对自己进行积极的暗示，诸如"很快就能学会""我非常棒""我一定能赢"，那么你反而会产生积极的思维和行为。

第 7 章
潜意识与人生：人生安宁的本源在于潜意识

从潜意识调节，获得人生的安宁

当今社会，在高压下生活的人们，总是有这样那样的担忧：要是我失业了怎么办？同事不喜欢我怎么办？我好像老了……令他们焦虑的问题实在太多了，这些负面的想法会一直纠缠着他们，哪有快乐可言。而那些快乐的人，他们始终能淡然面对一切，每天都开心地生活，这是因为他们懂得调节自己的潜意识，懂得将潜意识中那些堆积起来的负面想法清除出去。

的确，我们的潜意识就像是一个记忆仓库，在成长的过程中，所有好的或者坏的、消极的或者积极的片段都会慢慢堆积起来，被潜意识接受，而这些因素会影响我们的人生态度。所以，我们只有学会调节自己的潜意识，才会让心真正获得安宁。

医学教授认为，心理不健康是导致身体不健康的重要原因。例如，有人只要身体不适，就认为自己得了重病，整天处于恐慌之中，其实也许只是小病或者根本没有病，更多的是他的恐惧心理在作怪。心病还须心药医，只有消除恐惧，保持心理的健康，才能让身体也健康起来。

南宋僧人曾做一偈："身是菩提树，心如明镜台。时时勤拂拭，勿使惹尘埃。"实际上，任何一个人，行走于世的时间长了，身心难免都会沾染上尘世中的尘埃。如果不停下来好好清理自己的心灵，那么，我们的心很容易堆满灰尘。我们身边有很多活得洒脱、快乐的人，他们的共同特质在于，无论外界多么嘈杂，他们总会在自己的心底留一片净土。

那些真正心静的人，崇尚简单的生活，极少抛头露面，对人生、对社会宽容、不苛求，追求心灵的清净。他们像秋叶一样静美，淡淡地来，淡淡地去，给人以宁静，带着淡淡的欲望，活得简单而有韵味。

诸葛亮说："非淡泊无以明志，非宁静无以致远。"一个人只有沉静下来，才会思考自己，思索人生。相反地，假如我们让心随波逐流，那么必定会流于俗套，开始为了眼前的浮华而拼命去追逐、去求索。这样的人生非但不能宁静，也不能淡泊。处于喧嚣的尘世中久了，你会习惯众人聚集的生活，这个时候，你已经再也忍受不了孤独，更谈不上享受孤独了。

尘世中的我们，应该有这样一份安然、宁静的心，然而，人世间有太多会扰乱我们心绪的因素，对此，我们需要养成在安静中思考、在独处中倾听内心声音的良好习惯。一个人待着时，你是感到百无聊赖、难以忍受，还是感到宁静、充实和满足呢？你要学会为自己建立一个强大的心灵屏障，从淡定的生活态度中获取能量。这样一来，外界的消极情绪、负面能量就不能轻而易举地影响到你，这样，你可以更加平静地生活、工作，变得更加从容淡定。

其实，在这个方面，人们应该向婴儿学习，虽然他们每天都无所事事，除了吃喝拉撒睡，就是自言自语，但是他们丝毫不觉得枯燥，更不会着急、焦虑。究其原因，是因为婴儿的心灵非常纯净，就像一张白纸，他们所有的注意力都集中在自己的身心之上。那么，怎样才能使自己更加专注、淡定呢？首先要学会放空，让自己专注于身心。什么叫放空？假如把人们的大脑比喻成一个容器，放空就是把这个容器中使你焦虑不安的事情都忘记，或者把那些使你紧张得夜不能寐的情绪释放出去，取而代之的就是淡定、豁达。

放过自己，别跟自己较劲

在现实生活中，不少人总是被自己内心的矛盾所困扰。对于生活，他们不能以平和的心态面对，总是希望可以过得更好，总是认为自己可以获得更多，总是苛求生活。而他们痛苦的来源就是"把自己摆错了位置"，总想按照一个不切实际的计划生活，总希望自己能成为他人眼中完美的人。而他们之所以会这样，是因为他们的潜意识和显意识并不统一，他们总要跟自己较劲，所以整天闷闷不乐。相反，快乐的人明智地摆正了自己的位置，工作得心应手，生活有滋有味。他们懂得调节自己的潜意识，懂得生活的艺术，知道适时进退，取舍得当。快乐需要把握今天，而不是等待将来。事实上，如果我们每天可以做自己喜欢的事情，不在乎表面的虚荣，凡事淡然不苛求，那么快乐、幸福就会常伴我们左右。

所以，我们可以说，要想获得快乐，我们就要学会放过自己，学会让个人的欲望适应现实的环境，使自己的显意识和潜意识和谐。这样，我们内心的矛盾和纠结才会逐渐平息，我们的心灵也才会获得安宁和幸福。

我们来看一个好学生的日记：

聪明、听话、成绩超棒、老师们都喜欢我……从小，我就是听着这样的赞扬长大的。周围的同学都很羡慕我，可又有多少人知道，我更羡慕他们。我知道自己并没有他们说得那么好，只是我比他们善于伪装。

有时，我想放下伪装，和他们一样疯玩一阵，直到大汗淋漓才停下来休息。小学时，下午第二节课后有长达半小时的课间休息，教室里只能留下值日生，其他人都在操场上活动。老师不允许我们做剧烈运动，回教室若看到谁面红耳赤、气喘吁吁，便让他们站在门口，直到恢复平静才能进教室。尽管如此，同学们依旧先疯玩20分钟，剩下10分钟休息。而我每次只会捧一本书坐在一边，虽然根本看不进什么东西。其实我也想和他们一起玩，但是我害怕同学们说"好学生也不过如此，只会在老师面前装乖"，我害怕老师说"一点好学生的样子也没有"。每次听到老师的表扬、同学们的羡慕或不屑，我都一阵苦笑。

有时，我也想放下伪装，在周末好好休息，而不是往返于各种提优班之间。从小学三年级起，妈妈就提议我去上英语提优班。我真的不想去，其实我的英语学习才刚刚开始，我可不想基础还未扎稳就拼命跑。但是，我"很高兴"地答应了，妈妈也很高兴地为我报了名。于是，我越来越多的时间花在上课和写作业上。纵然心中很无奈，但我知道我没有拒绝的权利。与其被动接受，不如主动迎接，这样起码妈妈是开心的。

有时，我更想放下伪装，轻轻松松地学习，无论成绩如何，不受其他人的过度关注。每次考试，我都会尽心尽力。但是我的成绩与名次受很多人的关注。所以，我不敢有稍稍的懈怠，不敢让自己的成绩下滑。虽然每次我考试的成绩都很好，父母也很高兴，我看上去也很高兴，但只有我自己知道内心的苦涩。

可能这是很多学习成绩优异的孩子的心声，在荣誉光环的照耀下，他们不得不变成父母、老师眼中的乖孩子。但他们内心的苦涩、疲惫、害怕失败，只有他们自己知道。也许，他们失去更多的是作为一个孩子真正的快乐。

其实，追求完美，这是一种追求进步的表现，如果人们都满足于现状，那么我们将会止步不前。因此，追求完美并没有什么不好，相反，很多时候，精益求精对我们的能力、知识、经验等方面都大有益处。但追求完美并不是过度苛求自己。

那么，如果你是一个苛求自己的人，该如何自我调整，达到潜意识和显意识的统一，以实现内心的和谐呢？

（1）不要苛求自己。你不要总是问自己"这样做到位吗？""别人会怎么看？"过分在乎别人的看法就是苛求自己,导致你忽略自己的存在。

(2)要改变自己的观念。你需要明白一点,世界上没有完美的事,保持一颗平常心并知足常乐,才是完美的心境。我们不妨换一种新的思路,即尝试不完美。

(3)要改变宣泄方式。当你心情压抑时,可以选择用正确的方式发泄,如唱歌、听音乐、运动等。并且,你要抱着一种享受的心情发泄,这样,你很快就会感受到快乐。

(4)让一切顺其自然。不要对生活有对抗心理,过于较真的人会活得很累。因此,在思考问题时要学会接纳控制不了的局面,接纳自己所做的事,不要钻牛角尖。

(5)什么事情都要有个度,追求完美超过了这个度,心里就有可能系上解不开的疙瘩。我们常说的心理疾病,往往就是这样不知不觉出现的。对自己的错误不依不饶的人,总是不想让人看到他们有任何瑕疵,他们给人的感觉是对别人过分宽容。他们虽然看似开朗热情,但其实活得很累。

(6)失败的时候,请原谅自己。如果你的朋友失败了,你会跟朋友说什么?想一想,如果你的好朋友经历了同样的挫折,你会怎样安慰他?你会说哪些鼓励的话?你会如何鼓励他继续追求自己的目标?这个视角会为你指明与自己和解的道路。

因此,我们都要记住,再美的钻石也有瑕疵,再纯的黄金也有杂质，世间的万物没有完美无瑕的，人也不例外。每个人都不可能一尘不染，在道德上、言行上都不可能没有一点错误和不当。人总是趋于完美而永远达不到完美，因此，我们不要对自己和别人提出过高的、不切实际的要求，要记住我们都是平凡的人。

幸福才是人生的终极目标

我们都知道，人们穷其一生所追求的，就是"幸福"二字。生活中，人们总是会发出这样的感叹：我们穷其一生追求的到底是什么？是金钱？是地位？还是美貌？抑或是吃得好、穿得好？一些人认为，得到这些实质性的东西便得到了幸福。而实际上，幸福并不是某种固定的实体，而是一种精神与物质的统一，来自我们的潜意识，而且更多表现在精神体验上。

美国心理学家戴维·迈尔斯和埃德·迪纳曾经做过一项研究，这项研究表明，一个人的财富多少，与其幸福程度并没有很大的关联。社会财富的增加并没有让人们变得更加幸福。在大多数国家，收入和幸福的相关性是可以忽略不计的；只有在最贫穷的国家里，两者才有一定的相关性。

由此可见，幸福不是获得更多的金钱与财富，而是一种潜意识上的美好体验。如果我们能学会享受现在的状态，学会调节潜意识，就会获得对幸福的真正理解，而产生真正的幸福感。

亚伯拉罕·林肯曾经说："对大多数人来说，他们认为自己有多幸运，就有多幸福。"一个人是否幸福，在面对同样的生活经历时，主要看他如何去理解。不同的看法会导致不同的幸福感受。幸福不是追求来的，获得幸福的关键在于保持何种人生态度和对待他人的看法。

一日，老张听说妻子要带一位同事回家吃饭，便做了满满一桌子菜。席间，这位同事突然忍不住说道："我好羡慕你们，你们家里好温馨、好幸福。"正在给母亲夹菜的老张突然被这一句莫名其妙的话弄糊涂了，在一起吃顿饭就幸福吗？看到老张一家人都惊讶地望着她，她不好意思地说道："一家人围在一起吃饭，问寒问暖，相互说话，这样的生活我真的好羡慕。"

老张的妻子开玩笑地说道："你们两口子一个月的收入是我们的好几倍，你们不幸福吗？"

这位同事黯然失色道："我希望一家人天天生活在一起，家里有老有小，相聚在一起才是幸福。"原来这位同事夫妇二人都是挣钱的高手，但天各一方，孩子跟着爷爷奶奶，一家人生活在三个地方，在一起的时间少，分离的时间多，所以她特别羡慕老张一家人能天天生活在一起。听这位同事这么一说，老张突然感觉自己真的很幸福，只是每天忙碌于工作，忘记了去发现幸福在哪里。

的确，家的平淡与温馨，只要经常置身其中，便会深知

第 7 章
潜意识与人生：人生安宁的本源在于潜意识

那其实是我们一直期待的。或许这不会给你带来大富大贵的光荣，只是平静如一望无边的湖海，但是那种宁静与从容，能够让你感受到平安幸福。

不同的人有不同的幸福体会，幸福是一种心态体验，故事中老张妻子的同事因为一家人分离，特别羡慕生活在一起的一家人，而经济拮据的人突然得到他人的馈赠，一定也能感受到幸福，天天忙碌的人突然让他休息一天也会觉得很惬意……幸福没有标准，因人因事而异。但无论如何，幸福都不是金钱可以衡量的。一个人如果对金钱充满欲望，那么，他很可能最终成为金钱的奴隶，这样的人又怎么能用心感受幸福呢？

那么，我们应该怎样做才能感受到幸福呢？

1.保持内心的纯净

有一句名言：如果心不造作，就是自然喜悦。这就好像水如果不加搅动，便是透明清澈的。接纳自己的第一步就是让内心淡定，只要你的心是纯净的，那么，你就能接受幸福，接受快乐，淡化痛苦。反过来，如果内心躁动，你又怎能看到最本真的自己？

2.走自己的路

人与人是不同的个体，生活也因人而异，不同的人看待事情的角度不同，得到的结果也不同。另外，他人不可能参与到你的生活中来，因此，我们大可以告诉自己："走自己的路，让别人去说吧。"

3.学会享受现在的生活

钱钟书先生在《围城》里对人的本性、欲望有过精彩的论述："围在城里的人想出来，城外的人想冲进去，对婚姻也罢，职业也罢，人生的愿望大都如此！"当你得到一样，就总想得到另外一样。但你想过没有，如果你处于城中，为何不好好享受城中的生活呢？其实冲进去或是走出来，不过是一种意识形态，里或外的区别不过是自己的心给出的答案。

我们周围的世界总是在发生着变化，和外在行为的动静相比，内心的动静才是根本，精神才是人类生活的重要内容。不与人攀比，这样我们的内心才能宁静而不浮躁。我们要随遇而安、适可而止、知足常乐。

第8章

潜意识与婚恋：运用潜意识经营爱情与婚姻

自古以来，"爱情"大概是最美妙而又永恒的话题。男女双方因为相爱走到一起，组成家庭并共同生活，但夫妻毕竟是两个不同的个体，在潜意识层面，有很多迥异的部分，这就好比牙齿与舌头同处一口，也有打架相咬的时候。有时夫妻之间甚至在人生观、价值观等大的方面都有可能产生分歧。在这些时候，我们应当做到求同存异，尊重对方的观点和行为。实际上，恋爱的过程，就是两个不同的人相互了解，相互磨合，以及相互习惯的过程。只有经历这些，两个人才能最终走到一起。

敞开心扉沟通，亲密关系才能和谐

我们都希望拥有和睦幸福的婚姻生活，都希望能与爱人白头偕老。但实际上，人生漫漫，如果我们希望爱情和婚姻经得起考验，就一定要做到在双方之间架起一座心灵沟通的桥梁，向彼此敞开心扉。只有这样，双方才能共同面对婚姻中的风风雨雨。

事实上，沟通在婚姻与家庭中实在太重要了。夫妻之间免不了磕磕碰碰，可能有不少人在与家人争吵时都扮演了受害者的角色，而且指责的话刚脱口而出就后悔了。有时，你和对方说话会有些生硬，虽然你的本意也许是好的，但说出来却完全变了味——这时一场争执往往在所难免，错误信息的传递很可能会引发家庭大战。其实，在出现问题的时候，只要你能静下心来，心平气和地与对方沟通交流，是能避免很多家庭矛盾的。

约翰夫妇俩因为孩子的教育问题闹了点矛盾，他们互不理睬。在晚上就寝前，丈夫递给妻子一张字条，上面写着："明天早上7点叫醒我。"第二天，丈夫醒来时已是9点半。他急忙穿衣，只见茶几上放着一张字条，上面写着："7点了，快起床！"

约翰先生下班回家后，发现他的妻子正在收拾行李。"你在干什么？"他问。

"我再也待不下去了，"她喊道，"一年到头老是争吵不休，我要离开这个家！"

约翰先生困惑地站在那儿，望着他的妻子提着皮箱走出门去。忽然，他跑进寝室，从架子上抓起一个箱子。"等一等，"他喊道，"我也待不下去了，我和你一起走！"

的确，夫妻之间难免会因为一些生活琐事产生矛盾，但又不能快刀斩乱麻般地断绝情义。在这种"剪不断，理还乱"的感情状况下，无论哪一方来点幽默，都能化解矛盾，令对方破涕为笑。

实际上，每对夫妻之间都可能会遇到一些口角。但无论何种矛盾，都不能凭一时情绪，与对方大吵一架，而应该调节你的情绪，主动敞开心扉与对方沟通，这才是创造和谐关系的秘密所在。

那么，我们应该掌握哪些调节家庭矛盾的方法呢？

1.带着情绪时不要沟通

情绪会直接影响你的沟通态度，进而影响沟通的效果。据说拿破仑的军队有一条纪律，就是士兵在犯了错误之后，长官不能马上批评他。因为马上批评，双方都会受情绪影响，不如缓一缓再批评，这样效果更好。沟通亦然，带着情绪沟通，就很容易使沟通走偏。

2.双方都要站在对方的角度给予必要的理解和肯定

凡事都有理由，既然对方会形成和你不一样的意见与选择，就一定有他自己的理由和考虑，你应该理解。如果你表示理解，那么在情感上就相当于给了对方一个极大的安慰，使其郁积在心中的不良情绪也得到了缓解和疏通。

3.诚恳地道歉

不要总认为自己没有错，其实只要是与爱人发生了矛盾，这里面就可能有你的问题。正所谓一个巴掌拍不响，退一万步说，就算你真的没有错，那么你和对方发生了矛盾，进而伤害了家人的感情，这是不是错呢？所以，只要你想道歉，你就一定能找出道歉的理由。理解和道歉之后，你再把自己的理由和道理讲出来，对方便会更容易接受。

4.不回避、不扩大问题，限定时间与主题

回避的实质是对抗、不自信和无奈。不对抗并不是躲避对方，你可以采取一些技巧，如暂时撤离，或者用幽默的方法把这个结打开。家庭生活中要学会使用幽默的技巧，甚至限定争吵的时间，如"你说吧，我听你说""好，那么我们吵20分钟，你先说，我后说"。

5.不翻旧账、不指责

忌用"你总是……""每次……"这样的语句，可以试着用开放式语句"我觉得……你看呢？"来澄清问题，探寻"怎样做你比较满意？"然后根据结果试行一周或一个月。

6.找到解决的方法

问题澄清之后就该探索怎样办，彼此希望怎么样，然后可以试行讨论的方案。两人各自生气甚至冷战好几天，总会留下阴影的。吵架的过程要变成沟通的过程，要澄清问题、探询结果，而不是非要分清谁对谁错。家庭是一个系统，出了问题往往是系统出了问题，是运行模式出了问题，而不是某个人的错。而且，风水轮流转，这次你主动谦让，下次我也会主动谦让，如果总是一方得理，那沟通就没有什么效果了。

家庭成员间有了矛盾之后，必须及时地进行沟通。只有通过沟通统一了认识，化解了矛盾，才能使"梗阻"的家庭关系通畅起来。一味地争吵是起不到任何作用的，只会令亲情淡薄、关系不和谐。当然，沟通有道，只有掌握了其中的道理、技巧，才能使沟通取得良好的效果。

总之，相恋的感觉虽然美妙，但两个陌生人走到一起，肯定会存在某些方面的分歧，对方的做法或缺点让人心生不满是再正常不过的事情。我们遇到这种情形时，没必要大惊小怪，更没必要生闷气，而应该静下心来，心平气和地沟通，从而化解矛盾、增进感情。

爱情中为何越是被阻挠，关系越亲密

爱情源于两个人的吸引，是感性的。自古以来，美好的爱情都是人们所向往的，谁都希望与自己的爱人共结连理、矢志不渝。然而，在现实的生活中，因为种种原因，不少人的爱情都遇到了来自各方面的阻力，而在阻力面前，这些人反而更加坚定自己的信念，这是为什么呢？

我们先来看看心理学上的这一现象——"罗密欧与朱丽叶效应"。

莎士比亚的经典名剧《罗密欧与朱丽叶》中，主人公罗密欧与朱丽叶两人相爱，但双方的家族却是世仇，对于他们之间的爱情，双方家长都很反对。但面对外界强大的压力，他们并没有结束爱情，而是选择了殉情。

"罗密欧与朱丽叶效应"就源于这个故事，它是指在一般情况下，长辈越是反对儿女的感情，这两人就越是会站在同一阵营，彼此之间的感情也会更深。也就是说，如果出现干扰恋爱双方爱情关系的外在力量，恋爱双方的情感反而会更强烈，恋爱关系也因此更加牢固。

那么，面对外界的阻力，为什么大部分情侣之间的关系会更亲密呢？这是因为在人们的潜意识里，对于那些越难得到的东西，就越渴望。

有这样一对情侣，他们在大学时期就相识了。刚开始的时候，男孩的父母对他们的关系是强烈反对的。因为男孩是家里的独子，所以父母一心希望他在大学毕业后回到家乡内蒙古工作。而女孩也是家里的独生女，她的父母也想让她大学毕业后回到家乡广东工作。这样一来，男孩的父母非常头痛，到底去谁家好呢？去任何一家显然都是不合适的。最理想的是，大学毕业后儿子能先回老家找一份稳定的工作，然后在本地找一个知根知底的女朋友，按部就班地结婚、生子、过日子。但是，男孩显然不愿意听从父母的建议。

其实，男孩的父母心里很清楚，儿子从小就主意正，自己下定决心的事情很难被改变，而且，男孩的逆反心理很强，如果父母说得不符合他的心意，他就会坚定地选择与父母对着干。因此，父母想来想去，虽然表示了强烈的反对，但是一直没有采取具体的行动，因为他们生怕起到相反的效果，导致事与愿违：万一儿子一生气决定去女友家发展了呢？

男孩是个聪明的小伙子，他知道父母肯定想到了这点，于是，他和女友商量好，哪里都不去，就待在他们读书的城市——北京。而且，他也让女孩也这样跟家里"斗心"。当他们把想法告诉双方父母时，没想到四位老人都同意了，老人们还建议两个孩子再读个研究生，以后在北京落户也方便些。男孩喜出望外，马上就采纳了父母的建议。

其实，男孩敢于和父母对着干，是因为他了解自己的父母，他们害怕自己的儿子因为逆反而一气之下去了广州。而当得知儿子做出了留在北京的决定之后，男孩父母的心也终于落地了，毕竟北京比广东距离内蒙古近多了，而且儿子也不用去适应广东那与内蒙古截然不同的环境、气候与饮食习惯了。老两口自我安慰道：如果儿子能在北京落户，不也很好吗？想儿子了随时都可以去看看，比去广州方便多了。而男孩的心里也美滋滋的，得到了父母的谅解与支持，他与女友的爱情就更加美满了。

这个故事真可谓有情人终成眷属，这样的结局也是我们所渴望看到的。让我们感到欣慰的是，面对父母的反对，这对情侣选择的是采用间接手段，攻心为上，而不是放弃这一段已经维系多年的感情。

有人问，人生在世，最珍贵的是什么？长久以来，大多数人都认为世间最珍贵的东西是"得不到"和"已失去"。人们常说得不到的东西才是最珍贵的。是啊，因为得不到，我们才会憧憬，才会梦想，才会穷其一生去追求，哪怕像飞蛾扑火，哪怕像空中楼阁，哪怕像沙漠行者奔向海市蜃楼。

因为得不到，我们会怅然若失，会绝望，会体验到撕心裂肺的痛。这些感觉会深刻地印在我们的记忆中，挥之不去，也会时时困扰着我们的思想，影响着我们的生活，搅得我们寝食难安。我们对得不到的东西念念不忘，于是认定它才是最珍贵的。我们每个人都希望自己爱情顺利、婚姻幸福，然而，很多人都会遇到一些不和谐的因素，此时，就需要我们共同努力、共同经营，而不是轻易放弃。

当然，无论是爱情还是婚姻，都是需要我们经营的，相爱的双方能够走到一起，是需要付出努力的。如果你的爱情受到了某种阻力，千万不要轻易放弃，积极地寻找解决的方法，最终你就可能收获幸福。

男女潜意识中的异性符号你知道多少

在生活中,可能有很多男女都有过这样的困惑:在某个场合,看到自己心仪的异性,该怎样才能知道对方对自己是不是也有同样的好感呢?正因为不清楚答案,很多男女都不知道如何把握和异性之间的距离。事实上,无论是男人还是女人,如果对某个异性有好感,从一个眼神或一个小动作就能看出来,这些就是潜意识中表现出来的异性符号。了解这些符号,能帮我们探查对方的心理,从而为我们采取进一步的恋爱对策提供依据。

在一次朋友组织的聚会上,28岁的小伙小磊见到了梅梅,小磊完全被梅梅迷住了,尤其是她那双清澈的大眼睛。回去后,小磊怎么也忘不了梅梅,而且他认定,这个单纯可爱的姑娘就是自己这辈子要娶的爱人。

然而,小磊很快又想到一个问题,他和梅梅才认识不到一周的时间,梅梅长得那么漂亮,又怎么会喜欢自己这个穷小子呢?不过,他转念又想,几次接触下来,梅梅好像对自己也有一点好感。他为此十分纠结,到底怎样才能知道梅梅的心思呢?

小磊有个学心理学的朋友，在一次谈话中，这个朋友告诉他，想要知道一个女人是不是喜欢你，只要看她的一些小动作就行了。在朋友的一番指导下，小磊决定主动试探一下梅梅的态度。

这天下班后，小磊把梅梅约到了他们上次见面的咖啡馆。刚开始的时候，他们面对面坐着，两个人谁都没有说话，沉默地喝着咖啡。小磊想让梅梅先说点什么，但梅梅只顾摆弄自己的手机。"糟了，她肯定对我没意思，不然怎么会一直玩手机呢？"小磊心想。

"你想点一些小吃吗？都到下班时间了，你应该饿了。"小磊很体贴地提建议。

"不用了，下午我在办公室吃过东西了。而且，我的包里还有棒棒糖呢。如果你不介意的话，我可以拿出来吃吗？"梅梅很调皮地说。

"当然可以。"

接下来，小磊的心终于安定下来了，因为他的朋友说过，如果一个女人当着你的面舔嘴唇或者吃棒棒糖，那么，她就对你不反感。

另外，小磊还注意到一点，梅梅在和他说话的时候，一边吃棒棒糖，一边用手拨弄自己的头发，这也是对他不反感的动作。

自打这次见面以后,小磊肯定了梅梅对自己有好感。于是,他决定趁热打铁,对梅梅紧追不舍。不到一个月的时间,他与梅梅就成了男女朋友。

这是一个美好的结局。故事中,小磊不知道梅梅对自己的态度。于是,在朋友的指导下,他在与梅梅约会时注意到了对方有几个表示不反感的动作,如吃棒棒糖、拨弄头发等,从而确定了梅梅的想法。

从这个故事中,我们也可以得出,在男女交往中,你是否获得了异性的好感,有时只需要看对方的一个微动作。接下来,我们来看看两性专家是如何识别男女的异性符号的。

1.男人篇

(1)保持微笑。一切好感都是从笑容开始的,这也是一个男人对异性表达好感最简单的方式。

(2)双手插兜。男性在面对你站立时,将双手置于胯部或者手插兜,这是他在为了吸引你的注意而表示出来的自信状态。

(3)眼神专注。如果他长时间地盯着你看,那么,这就是他在表达爱慕的重要标志。他一定认为你与众不同,你的一颦一笑可能都吸引了他。

(4)倾斜头部。当一个男性在与你说话时,如果他在睁大眼睛的同时，还会倾斜头部，这说明他对你说的每一句话都感兴趣。研究发现，当人们被某人所吸引时，瞳孔会自然地扩张变大，以便提高注意力。

（5）眉毛抬高。当你们有所交流时，双方的眉毛一直保持上抬，这是一个表达关注的确切信号。

（6）轻微肢体触碰。在交谈时不经意地碰触她的胳膊，这是表示好感的直接方式。不过，注意不要太过分，适当的接触就好。

2.女人篇

（1）舔嘴唇。研究发现，当女性对某个男性产生兴趣时，会不自觉地舔嘴唇。有一些女性也会用吃糖果来表示好感。

（2）点头微笑。谁也不能抗拒微笑的魅力。一般来说，女性在面对自己心仪的男性时，都会向对方微笑。如果男方会意，则会点头回应，那么，一场浪漫的爱情可能就开始了。

（3）拨弄头发。在遇到心仪的男性时，女性会下意识地拨弄或者整理头发，这个动作是注意自己仪容的表现。

（4）膝盖和脚尖朝向对方。如果男女双方不是并排坐在车上，而女性对该男性有兴趣，她可能就会同时用膝盖和脚尖朝向对方，这个姿势是在告诉他"我对你很感兴趣"。

无论男女,在面对心仪的异性时,身体、表情都会下意识地发生变化。观察异性的这些潜意识表现出来的信号,能帮助我们了解对方的心意。

婚姻的长久必须建立在理解和包容的前提下

我们都知道，在婚姻和爱情生活中，免不了磕磕碰碰。每当遇到问题、双方吵得不可开交时，我们都会说："为什么你总是不理解我？"其实，我们忽视了一点，婚姻本来就是由夫妻双方这样两个原本就完全不同的个体组织起来的，婚姻需要相互包容。夫妻双方都要学会心平气和地沟通，如果关闭了沟通这道门，就会造成双方真正的不理解。

小吴和小静是一对情侣，两人的性格可以说是互补的关系。小吴性格开朗，喜欢结交朋友，常常会因此忘了时间。小静刚好相反，无论什么时候，她都是一副文静的样子，就连笑起来都显得那么秀气，而且她很不喜欢与外界打交道。

小吴有一个最大的爱好，就是跳舞，每个周末他都会去跳舞，这个爱好很令小静头痛。因为小静最讨厌这种环境，如果有可能，她会选择在家看书或睡觉来打发时间。可是，小吴却每次都要拉着她一起去，还非得让她陪着，美其名曰："有个美女坐在台下观战，我会跳得更加起劲！"

此刻，小静独自坐在台下，看着台上舞动的小吴，她有些不满，她决定无论如何都要与他摊牌，以后她再也不愿意到这种场合来了。于是，在回家的路上，小静说道："没想到你的舞跳得越来越好了，不过我还没看够呢，要不你今天就一路跳回去吧！"听到这里，小吴做了个鬼脸："你还真想累死我啊，亏你想得出来，那我得跳到什么时候才能到家啊？深更半夜的，你也不怕我被强盗打劫？"听了他的话，小静趁机说道："你怕什么啊，一个大男人，刚才你把我一个人扔在舞厅的时候，你都不怕我被人占便宜吗？"听到这里，小吴才明白，原来小静正在为陪他来跳舞这事不满呢，于是他赶紧追上小静赔不是。

小吴与小静性格不同，爱好也不同。性格开朗的小吴喜欢跳舞，还每次都要拉上小静。在这种混乱的环境中，小静很生气。然而，她并没有直接吵闹，而是借用换位思考的方法来表达不满，让小吴意识到自己的错误。这样一来，不仅问题得到解决，小吴也会更喜欢这个替他着想的女友。

所以，处于婚恋中的人们都要明白一点，一定要学会站在对方的角度看问题，学会理解和包容对方，这才是婚姻和爱情得以长久的根基。

对此，无论男女，都需要记住以下两点。

1.女人要信任男人

每个女人都要明白，即便你的男人爱你，你也要注意不要完全解剖彼此的心灵，那样的话只会留下情感的裂痕。

在生活中，我们常提到"信任"一词，可以说，信任是感情存在的基础，一对互不认识的男女牵手靠信任，恋人由恋爱进入婚姻的殿堂也要靠信任。任何一个男人，都希望自己的妻子或女朋友能够充分信任自己。猜忌是感情的最大杀手，事实上，猜忌也是婚恋中很多女人的通病，我们似乎总能看到一些看似"精明"的妻子，她们翻看丈夫的公文包，探询丈夫的行踪，翻阅丈夫的手机信息，试图为自己的猜想找到蛛丝马迹，结果往往酿出一场场家庭争吵。

的确，我们不能否认的是，很多女人的猜疑心、控制欲是与生俱来的，而且她们缺乏安全感，这些在现代婚恋中表现得更加明显，尤其是现代社会，家外"花花草草"的诱惑真的很多，女性更是防不胜防，管不胜管。假如你因缺乏自信而多疑，因担心男人去采摘路边的"野花"而处处设防，甚至干脆通过一些细枝末节来捕风捉影，那么，你只会激怒对方。爱需要自由的空间，再坚固的爱情也经不起质疑。感情一旦产生信任危机，便岌岌可危了。对于这一点，任何一个女人都要引起注意。

2.男人要体谅和理解女人

很多男人可能在婚前都对女友百般疼爱，尤其是在追求的过程中更是使出浑身解数，说尽各种甜言蜜语，但一旦结婚，似乎就有一种"既成事实"的感觉，认为只需要赚钱养家、给老婆充足的物质即可。实际上，婚姻中的女人同样需要各种体谅。很多男人常说，女人是一种奇怪的动物，你根本无法了解到她内心想的是什么。的确，男人很难读懂女人，更难读懂自己的妻子，这是因为也许很多男人都没有用心去读过。其实，女人是可爱的，也是脆弱的。人群中，你最关心的女人——你的妻子，常常可能会让你感到疑惑，可能她嘴里问你为什么不表示意见，心里却生怕你表示意见；她嘴里说着叫你走开，心里却想让你把她搂得更紧一点。

总之，"爱"这个字眼是阳光的，而在一个充满了猜忌、自私的环境里，爱会逐渐消失殆尽。只有在一个相互尊重、接纳、诚恳的环境里，爱才会茁壮成长。

求同存异，包容是最高层次的爱

任何一个人，都希望拥有和睦、温馨的婚姻，然而，家庭本身就是由性格、生活习惯等不同的夫妻双方组织在一起的，难免会出现一些不和谐的因素。但只要我们能心平气和，尊重、理解和包容对方，是能做到求同存异的。

心理学家指出，男女其实是互补和对抗的两个潜意识个体，所以，男女双方走在一起，必须要经过一段时间的磨合，直到双方能接受并且习惯彼此不同的部分。

银行职员张先生就是个善于经营家庭生活的人。他这样陈述道：

妻子有着一般女人的共同爱好——逛街，而且经常是日出时出门，日落时还回家。因为这一点，我和妻子在结婚之初闹过很多次矛盾。

记得那一次，五一长假的第一天，她就拉着我去陪她逛街。我只好硬着头皮去了，谁知道，妻子对什么都感兴趣，一会儿看看这个，一会儿看看那个，对于自己想买的东西，不仅要货比三家，还要讨价还价，我实在受不了了，就催她赶紧付钱，结果妻子就不高兴了。回家后，我们吵了一架。

第 8 章
潜意识与婚恋：运用潜意识经营爱情与婚姻

自从那次后，只要妻子再拉我去逛街，我都千方百计地找借口推辞。时间长了，她也就不喊我了，而是找自己的朋友。

其实，刚结婚时，我也希望能把妻子好动的性格扭转过来，希望她也能和我一样在家看看报纸，看看新闻，多学点东西。但实际情况告诉我，把个人喜好和性格强加于人，无异于给别人制造痛苦，所以，我的打算也就此放弃。

如何协调夫妻关系呢？后来，我在翻阅历史书和看新闻时，都看到"求同存异"这四个字，这四个字给了我启示，夫妻间也可以求同存异。于是，我跟妻子商量，她赞同这个观点。所以，我们进行进一步协商，我们认为，妻子好动，她就可以去参与适合她的活动，我喜静，我也可以去从事自己喜欢的事。我们互不干涉。同时，我们觉得还必须挖掘出一些共同点，否则，两个人的话题会越来越少。于是，我们买了副网球拍，傍晚时，我们就去小区的网球场锻炼。

时间证明，我们这套相处方法是有效的。妻子再去逛街时，一般只会告知我一声，我也不用跟着去了。而我则待在家中做自己喜欢的事，如上网聊天看新闻，读书看报写文章。我们互不干扰，各得其乐。如今我们的婚姻已过了七年之痒，其间少有矛盾摩擦，恩爱和睦。我和妻子的性格如此不同却能和睦相处，我想应该就是求同存异的结果吧！

从张先生的经验之中，我们能看出，他之所以能和妻子和睦相处，恩爱如初，就是因为他们遵循了求同存异的相处之道。

夫妻之间求同存异，就是要尊重对方与自己不同的方面，尊重对方的个性，这也是一个人保持独立人格的基本要求。虽然两个人生活在同一片屋檐下，但仍然是有自己思想的个体，也依然有着各自的爱好和价值观。当然，求同存异并不是放任对方，只有对方的行为不破坏家庭的稳定，有利于保持对方的身心健康，我们才支持。存异的目的是求同，而求同当然是为了家庭的温馨和幸福。

在婚姻中，双方性格不同，把自己的喜好、习惯强加于家庭中的其他人，必然会引发很多矛盾。因此，想要拥有一个和睦的家庭，我们就必须学会求同存异。在面对分歧的时候，我们需要掌握以下四个要素。

1.沟通

相互沟通是维系婚姻家庭幸福的一个关键要素。有什么话不要憋在肚子里，多同对方交流，也让对方多了解自己，这样可以避免许多无谓的误会和矛盾。

2.慎重

在婚姻中，遇到事情要冷静对待，尤其是遇到问题和矛盾时，更要保持理智，不可冲动。冲动不仅不能解决问题，还会使问题变得更糟，最后受损失的还是整个家庭。

3.换位

有时候,己之所欲,也勿施于人。不要总是把自己的想法强加给爱人。遇到问题的时候多进行换位思考,站在对方的角度上想一想,这样,你就会更好地理解你的家人。

4.快乐

只有快乐的心情才能构建出幸福的家庭。所以,进家门之前,请把在外面遇到的烦恼通通抛掉,带一张笑脸回家。如果双方都能这样做,那么这个家一定会成为一个幸福的家庭。

第9章

潜意识与正能量:别让负能量占据你的内心

不知道你是否意识到,曾经有多少次,你被自己的生气、害怕、嫉妒和报复等情绪伤害?这些消极思想都是侵蚀你潜意识的毒药,不过你并不是天生就有这种消极态度的。所以,你可以抹去消极的思想,向潜意识输入积极向上的思想。我们要学会用积极的思想来代替消极的思想,让心中充满正能量。

原谅自己,才能重新开启人生

有人说,人生像一只口袋,当袋口封上的时候,人们会发现,里面装的全是没有完成的东西和令人遗憾的东西。但即使如此,我们也不能一味地沉浸在悔恨和遗憾中,因为悔恨和遗憾毫无意义,我们要做的是原谅自己,再重新出发。

我们每个人,在人生的路上都会犯一些错,这些错误也会累积到我们的记忆仓库中,形成潜意识的材料。明天的路我们依然要走,而我们要进步,就必须学会原谅自己,否则潜意识中的自责就如同一颗毒瘤,会时不时地干扰我们的生活,影响我们的人生态度,阻挡我们前进的脚步。

所以,在错误面前,你大可不必过于自责,而应该学会总结经验教训。你要明白的是,反思可以让你成长,但反悔无益于事。你需要做的就是,不断反思自己的过失,在反思中前进。

有一位少年,他在赶路时不小心把砂锅打碎了,可他头也不回地继续前行。有人拦着告诉他砂锅碎了,少年却答道:"碎了,回头又有什么用?"说罢继续赶路。

看完这则故事,我们不由高声为少年的睿智而喝彩。英国也有一句名言：别为牛奶洒了而哭泣。这些都告诉我们，如果你不小心在人生旅途中栽了跟头，请千万不要在失败的阴影中消沉，而要调整好自己的状态，继续走好往后的每一步，否则等待你的将会是更多的失败。

曾经有两个年轻人失业了，他们来找拿破仑·希尔，想询问他如何才能变得积极起来。拿破仑·希尔说："我记得刚开始时，我供职于一家信息报道公司，这家公司的待遇并不好，不过我已经很满足了。后来，公司因为业绩不怎么样，不得不裁员，像我这样对公司毫无用处的人自然就在裁员之列了。果然，我不久后就收到了公司的裁员通知。刚开始，我真是万念俱灰，我失业了，我该怎么办？但很快，我冷静下来了，我发现离开这个工作岗位是有好处的，因为我不喜欢这份工作，也不会有什么大作为，我只有离开这儿，才能有找个好工作的机会。果然我不久便找到一个更称心的工作，而且待遇也比以前好。我因此发现被辞退确实是件好事。"

拿破仑·希尔总结，把失败转变成成功，往往只需要一个想法紧跟着一个行动。我们也发现，成功者都是勇敢的、理智的，即使失利，他们也不会退缩，而是能化悲痛为力量，把失利当成提升自己的又一个机会。

尘世之间，变数太多。事情一旦发生，就绝非一个人的心境所能改变。伤神无济于事，郁闷无济于事，一门心思朝着目标走，才是最好的选择。如果跌倒了就不敢爬起来，不敢继续向前走，或者决定就此放弃，那么你将永远止步不前。

所以，你若想取得进步，就要走出悔恨和自责的心理误区，你应该学会勉励自己："我要振作精神，跟命运搏斗，我要把痛苦化为力量，设法有所建树。"实际上，失利正好给了我们反省的机会，我们不妨停下来好好想想、歇歇脚步，这更有利于我们看到自己的不足。

当然，当你犯错之后，总会心情不佳，要想化失败为动力，你可以采取以下方法：

（1）仔细分析现状，找到自己的问题，不要怪罪任何人。

（2）给自己重新制订一份计划，这份计划必须考虑前一次失败的原因。

（3）不妨去想象一下自己获得成果后的欢愉场景。

（4）收起那些曾经让你不快的记忆，它们现在已经变成你未来成功的肥料了。

（5）重新出发。

你可能需要再三实行这五个步骤，才能如愿达成目标。不过，重要的是每尝试一次，你就能够增加一次收获，并离

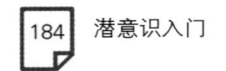

目标更近一些。

总之,无论曾经犯下多大的错误,有过多少失误,这些都不能成为我们停下前行脚步的理由。只有收拾心情,尽力走好未来的每一步,我们才会有更美好的明天!

第9章
潜意识与正能量：别让负能量占据你的内心

防微杜渐，不给虚荣心滋生的机会

我们知道，人的潜意识是一个大熔炉，从出生开始，我们的行为、观念、生活习惯等都会被印刻在潜意识之中。所以，潜意识中不仅有积极正面的思想、观念、心态等，同样也有负面、消极的因素，如虚荣心等。人人都有自尊心，然而，当自尊心受到损害或威胁，或自尊过度时，就可能产生虚荣心。有人说，虚荣心与欲望是相伴相生的，当我们的内心被虚荣心占据时，很多不合理的欲望也会随之出现，最终很有可能发生人生观和价值观的扭曲，甚至可能会通过炫耀、显摆、卖弄等不正当的手段来获取荣誉与地位。

心理学家指出，如果我们对虚荣心不加以控制，轻则会影响心理健康，重则会让我们产生心理疾病。

虽然理论如此，但我们不得不承认的是，现代社会，在我们周围确实有一些爱慕虚荣的人，他们喜欢与周围的同事、朋友攀比。有些人花钱如流水，生活奢侈，他们认为不管要花多少钱，别人有的我也要有，绝对不能输给别人。不合口味的食物、不满意的衣服，就算是刚买的，也会毫不客气地扔掉，浪费的现象比比皆是。这种攀比、爱慕虚荣、追赶流行的心理自然让人们之间产生了所谓的"人情"，即靠金钱和物质来维持交往的关系。很明显，人以群分，有相同心理的人会聚在一起，形成一个朋友圈，这就导致了很多人的"社会隔离型"性格，交不到真正的朋友。

如果你有虚荣心，那么，你最好做自己的心理医生，从以下几个方面做潜意识调节：

1.完善自己

一个人如果明白只有完善自己才能逐步提高的道理，就能转移视线，将眼光收回到自己身上。这样你不仅找到了努力的动力，也会变得豁然开朗。

2.尽可能地纵向比较，减少盲目的横向比较

比较分为横向比较和纵向比较。横向比较指的是将自己与他人比，而纵向比较指的是将昨天的自己和今天的自己比。纵向比较有助于我们找到自己长期的发展变化规律，以进步的心态鼓励自己，从而建立希望体系，帮助我们树立坚定的信心。

3.正确认识荣誉

通常情况下，虚荣的人都很爱面子，希望得到别人的肯定和赞扬，希望每个人都羡慕自己。要避免形成爱慕虚荣的性格，你就必须以正确的心态面对荣誉，要认识到每个人

都应该争取荣誉，这是激励自己前进的动力，但决不能以获得面子为目的。许多事实证明，仅仅为了获取荣誉而工作的人，荣誉往往与他无缘。而那些不图虚荣浮华的人，常常会"无心插柳柳成荫"，于不知不觉中获得荣誉。也就是说，只要我们脚踏实地地做好本职工作，淡泊名利，荣誉自然会光顾我们。

4.脚踏实地

脚踏实地的人懂得通过自己的双手和劳动来获得物质和财富，这样的人才是最可爱的、令人敬佩的。

其实，虚荣心本身说不上是一种恶行，但不少恶行都围绕着虚荣心而产生。这种虚荣心理如同毒菌一样，消磨人的斗志，戕害人的心灵。所以，我们必须做到防微杜渐，不要让虚荣心滋生。

大胆去做，摒弃"不可能"的意识

埃及人想知道金字塔的高度，但由于金字塔又高又陡，测量困难，所以他们向古希腊著名的哲学家泰勒斯求救，泰勒斯愉快地答应了。只见他让助手垂直立下一根标杆，不断地测量标杆影子的长度。开始时，影子很长，随着太阳渐渐升高，影子的长度越缩越短，终于与标杆的长度相等了。泰勒斯急忙让助手测出金字塔影子的长度，然后告诉在场的人：这就是金字塔的高度。

那么，生活中的人们，你们的人生高度该怎样来测算呢？实际上，无论现在你处于什么样的境况，只要你不甘于现状，并积极为未来思考，寻找出路，就没有什么达不到的目标。你要相信自己，你有资格获得成功与幸福！

人的行为是由潜意识决定的，而潜意识执行的是我们的思想，如果我们在思想上对自己设限，我们就不可能有很高的成就。

的确，生活中不少人充满理想，但一旦把自己的理想和现实联系起来，就认为不可能，而这种"不可能"一旦驻扎在心头，就无时无刻不在侵蚀着我们的意志和理想，许多本

第9章
潜意识与正能量：别让负能量占据你的内心

来能被我们把握的机遇也在这种"不可能"中悄然逝去。其实，这种"不可能"大多是人们的一种想象，只要你能拿出勇气主动出击，这些"不可能"就会变成"可能"。

那么，很多处于贫贱之中的人，为什么没能做出什么成绩呢？因为，如果一个人屈服于贫贱，那么贫贱将折磨他一辈子；而如果一个人性格刚毅，敢于尝试，不怕冒险，他就有机会战胜贫贱，改变自己的命运。

从现在开始，生活中的人们，请你不要为错失良机而叹息，不要因为一时的失败而惶恐，更不要失去追求更高目标的信念和勇气，你应该以"天生我材必有用"的信心和豪情，充满自信地走向生活！

生活中，失败平庸者多，除了心态问题外，还有思维能力的问题，他们在遇到问题时，总是挑选容易的倒退之路。"我不行了，我还是退缩吧。"结果只能陷入失败的深渊。成功者遇到困难，能心平气和，并告诉自己："我要！我能！""一定有办法。"因此，我们的思维也需要做到与时俱进。有时候，可能你觉得你已经进入了死胡同，但事实上，这只是你没有找到出路而已，而改变事物的现状就是运用思维的力量。思路一变方法来，想不到就没办法，想到了就非常简单，人的思维就是这样奇妙。

心理学家告诉我们，很多时候，人们不是被打败了，而是他们放弃了心中的信念和希望。对有志气的人来说，不论面对怎样的困境、多大的打击，他们都不会放弃最后的努力。因为成功与不成功之间并不是一道巨大的鸿沟，它们之间的差别只在于是否能够坚持下去。

因此，我们每个人都应该明白突破自我的重要性，都应该时时刻刻寻求新的变化，并敢于释放自己、改变自己。当然，要做到敢为人先，你还必须在现在的生活和学习中加以练习。为此，你需要做到：

1.在心理上超越"不可能"的思想观念

任何人想要解决问题，必须在他的思想中超越问题。这样，问题就不会显得令人畏惧，而且他会产生更大的信心，深信自己有能力去解决。

虽然在进行尝试时，你难免会产生一种"不可能"的念头，如认为自己不能解决一道被人认为很有难度的数学题，但你必须从心理上超越这种念头，只有这样，你才能站在更高的位置上，低头俯视你的问题。

2.打破现有的安逸假象

一个人不愿改变自己，往往是舍不得放弃现有的安逸。而当你发觉不改变不行的时候，你已经失去了很多宝贵的机会。

因此，即使你现在每天衣来伸手、饭来张口，你也必须明白，未来社会，你必须一个人生存、参与社会竞争，所以你必须有随时改变自己、更新自己的意识。

3.丰富自己的知识结构以开阔视野

在我们的日常生活和工作中，常常用视野比喻人的眼界开阔程度、眼光敏锐程度、观察与思考的深刻程度等。可以说，视野是不是开阔，是衡量人综合素质的重要标尺。而视野开阔与否，取决于你对知识的掌握程度，取决于你的思想理论水平的高低。常言道，学然后知不足。勤于学习的人，越学越能发现自己的不足，于是他们会想方设法充实自己、提高自己，以学到更多的知识，他们的视野也会随之越来越开阔，跟上前进的步伐。

所以，任何成功都源于改变自己，你只有不断地剥落自己身上守旧的缺点，才能做到敢为人先，才能抓住第一个机会，实现自己的进步、完善、成长和成熟。

用正能量代替潜意识中的负能量

生活中，几乎每个人都期望一帆风顺。人们希望的是，哪怕没有鲜花和掌声，也不要荆棘密布、狂风暴雨。其实，这是不可能的。人生本身就是一场旅途，在这场旅途中，既有宽敞的阳关道，也有狭窄的独木桥；既有醉人的风景，也有恼人的苦难、贫穷、疾病、天灾人祸等，这些你都必须承受。已尽力而为却事业失败，你得承受挫折的磨难；被友人无情背叛，甚至污蔑诽谤，你得承受非议的磨难；真情付出却不能"抱得佳人归"，你得承受失意的磨难……每当这时，你也许会无比惶惑，也许会绝望，想到过放弃，想到过破罐破摔、得过且过……

但不知道你想过没有，我们的一生正是因为磨难的出现才精彩。即使是阴暗的房间，只要打开窗户，阳光就会照射进来。其实，我们的内心何尝不是如此呢？遇到挫折，只要我们将封闭的心打开，阳光就会驱散内心的阴霾。挫折和苦难会让我们感到失落，但我们完全可以通过改变自己，让自己的心重新找到方向，最终实现自己的目标。

然而，由消极转向积极、用正能量代替负能量，是需要

第9章
潜意识与正能量：别让负能量占据你的内心

我们从潜意识中进行调节和选择的，任何负面的想法都是一种表面现象，它是潜意识思考的结果。所以，要清除这些负面思想，就要从潜意识入手。而潜意识是受制于我们的思想的，所以，只要我们选择积极和正能量，我们就会变得更加正面。

古人说："哀莫大于心死。"一个人最可怕的莫过于心存放弃。这种灵魂的死亡比起躯体的死亡更为可怕。而唯有激励自我，才可焕发青春，扬起生命的希望之帆。

的确，对待同一件事物，不同人的看法不同是很正常的事。就像人也有两面性一样，问题在于我们自己怎样去审视、怎样去选择。面对太阳，你眼前是一片光明；背对太阳，你看到的则是自己的阴影。

成功和失败之间的区别在于心态的差异：成功者着意明亮积极的一面，失败者总是沉迷消极的一面。心态是个人的选择，有成功心态的人处处都能发掘成功的力量。一个人有了积极的心态，成功就变得容易了。

爱迪生曾经长时间专注于发明电灯。对此，一位记者不解地问："爱迪生先生，到目前为止，您已经失败了一万次了，您是怎么想的？"

爱迪生回答说："年轻人，我不得不更正一下你的观点，我并不是失败了一万次，而是发现了一万种行不通的方法。"

正是怀着这份自信,爱迪生最后成功了:在发明电灯时,他尝试了一万四千种方法,尽管这些方法都行不通,但他没有放弃,而是一直做下去,直到发现一种可行的方法。

事实上,人们驾驭生活的能力,是从困境中磨砺出来的。和世间任何事情一样,苦难也具有两面性。一方面,它是障碍,要排除它必须花费很多的力量和时间;另一方面,它又是肥料,在解决它的过程中能够使人更好地获得锻炼和提高。

磨难能启迪人的智慧,锻造出成功。没有了磨难的人生是枯燥的,是不完整的。然而,有些人不能正视磨难的作用,也就不能真正从磨难中有所收获。有的人面对磨难变得更坚强,更富有战斗力,而有的人则日渐消沉,甚至堕落,变得麻木不仁。正如一位哲人所说:磨难对强者是垫脚石,对弱者却是万丈深渊。那么,你对磨难的态度是怎样的呢?

1.选择你的态度

当逆境到来之时,你可以选择两种截然不同的态度:消极被动地害怕和逃避,或积极主动地面对和接受。

如果心存消极态度,那么,你将被局面控制,而如果你选择积极主动,则能反过来控制局面。如果你希望能够通过自己的努力使自己的力量变得强大,同时让自己变得更完美，那么你就必须选择积极主动的态度，逆境这朵"浮云"自然也会被你驱赶出心灵的天空。

2.反省自己

事实已经如此，你无法控制，但你可以控制自己的内心，让自己内心强大起来的方法就是反省自己。你需要问自己的是，为什么这件事不发生在别人身上，而发生在自己身上？我有哪些做得不足的地方？我应该怎样从自己出发，找到一个适当的、合理的方法去改进，从而改变这一切？

怀着反省的、觉悟的，以及积极的心态回看自己，你就能带着耐心和勇气，一点点地拆开这包裹严实的"包装纸"，发现里面珍藏的真正的生命礼物。

说到底，决定心态的是人们的理想、人生观和世界观。一个大气的人会具有远大的目标、正确的人生观，并且胸怀宽广，执着进取，勇于挑战自我，不屈于命运，相信自己，进行积极的思考。所以，我们一定要保持良好的心态，即使生活给予我们挫折，我们也要怀着理解的心态给它一个微笑！

一味地抱怨只会破坏你的潜意识

现实生活中，人们每天都要为生活奔波，每天都要踏入职场，每天都要面临紧张的工作，还需要处理复杂的人际关系。于是，人们开始抱怨生活、抱怨上司、抱怨同事、抱怨薪水低、抱怨工作任务重等。不知道从什么时候起，抱怨已经演变成了一场"瘟疫"。被抱怨包围着的人们，似乎从来没有顺心过，似乎再也遇不到高兴的事。因为抱怨，他们把高兴的事情抛在脑后，把不顺心的事情总挂在嘴上。因为抱怨，他们不仅把自己搞得很烦躁，也把别人搞得很不安。而实际上，抱怨对于事情的解决毫无益处，它只会让我们在忙碌中兜圈子。相反，如果我们能心平气和地正视问题，理清自己的思绪，那么，找到解决问题方法的概率便会大大提高。

可能我们没有意识到这一点，抱怨会破坏我们原本的潜意识。你可能曾经有这样的体会，一旦抱怨，我们手上正在做的工作就会不自觉地慢下来，甚至停下来，这是因为我们需要时间和精力去为自己鸣不平、讨公道，久而久之，抱怨不仅直接影响工作和生活，还影响了心情和心态。而真正的勇者从不抱怨，他们总是能冷静地看待世界，审视自己，最终成就自己。

卡耐基曾经遇到过一位女士，这位女士一见到卡耐基，就开始抱怨，先是抱怨她的丈夫不好好工作，接下来，她又开始抱怨她的孩子不好好学习。总之，她有很多不满意的地方。等她抱怨完了，卡耐基对她说："这位女士，您太追求完美了。"她听到这句话后，非常吃惊地看着卡耐基，过了好一会儿才说："卡耐基先生，您认为我非常追求完美吗？可我并不这样认为啊！而且像我这样相貌也不好、学历也不高的女人，根本不会去追求完美的。"

卡耐基说："您刚才跟我介绍过自己的情况，您想想看，您的丈夫现在才三十几岁，却有了自己的公司，这已经是成功人士了，您为什么还认为他不够好呢；而您的儿子，他才小学四年级，每次也能考个不错的成绩，您又有什么不满足呢？这不都是在追求完美吗？"听了卡耐基的话，这位女士很长时间都没有说话，最后她接受了卡耐基的说法。

其实，生活中有很多这样的人，他们总是对现状不满，总是不断追求完美，有的人表现为对自己要求特别严格，而另外一些人则对别人非常严格，但总体表现，就是看不到生活中美的一面，脸上总是愁云密布。其实，如果他们能换个角度，便会发现生活中处处充满美好。就和故事中那位女士一样，在卡耐基的点拨下，她看到了"儿子学习成绩不错"

和"丈夫事业有成"这两点。

小李高考落榜后，开始在一家汽车修理厂工作。从工作的第一天起，他就对自己的工作充满了不满，他抱怨道："修理这活太脏了，瞧瞧我身上弄的！""真累呀，我简直要讨厌死这份工作了！""要不是考试中出了点失误，我现在都是名牌大学的学生了。做修理工作太丢人了！"

每天，小李都在煎熬和痛苦中过日子，但他又害怕失去这份工作，于是，只要师父不在，他就耍滑偷懒，应付手中的工作。

几年过去了，与小李一同进厂的3个工友，各自凭着自己的手艺，或另谋高就，或被公司送进大学进修，只有小李，仍旧在抱怨中做他蔑视的修理工。

可见，身处职场的我们，无论从事什么工作，要想取得成绩，都必须拿出全部的热情。如果你也像小李那样鄙视、厌恶自己的工作，对它投注冷淡的目光，那么，即使你正从事最不平凡的工作，也不会有所成就。

在工作中，无论是出现问题，还是为了取得更好的成绩，我们都不能一味地抱怨，抱怨只会让我们失去动力，让事情继续恶化。要永远记住一点，我们的最终目标是解决问题，而不是发泄情绪。

实际上，没有一种生活、工作模式能令人完全满意，而不满意就容易产生抱怨，如果我们动不动就抱怨，而不是以一种积极的心态去解决问题，就等于拿石头砸自己的脚，于人、于己、于事都无益。所以，每个人都应该认识到：工作是实现人生价值的方式之一，工作本身就是最大的幸福，为什么还要有那么多抱怨呢？

生活中的人们，可能现在的你每天都在为生活奔波，生活、工作压得你喘不过气来，你开始抱怨生活、抱怨上司、抱怨家人。而其实，有压力才有动力，压力带给我们的不仅是痛苦和沉重，还能激发我们的潜能和内在激情，让我们的潜能得以开发。如果说，人一生的发展是不易发生反应的化学物质，那么压力就是一剂高效的催化剂。它不是鼓励你成功，而是逼迫你成功，让你没有选择不成功的余地。它带给人的不仅是痛苦，更多的是一种对生命潜能的激发，催人更加奋进，最终创造出生命的奇迹。

不难发现，认为自己可以获得更多、总是苛求生活，是导致人们不快乐的主要原因之一。有些人总要按照一个不切实际的计划生活，总是跟自己过不去，总认为时机未到，所以他们整天都闷闷不乐。

总之，如果你想成为一个快乐的人，就要看到生活中美好的一面、抱着感恩的心，那么，你工作生活起来会更开心、满足、有滋有味。

第10章

潜意识与情绪：掌控情绪，而不是被情绪掌控

每个人都会对身边的事情产生情绪，人类本身就是情绪化的，都有喜怒哀乐。虽然人的情绪看起来是不受限制的，想到哪就到哪，但归根结底都会受到潜意识的影响，这就需要我们学习从潜意识开始控制、转移和改变自己的负面情绪，提高自我调节的能力，保持规律的生活，让每一天都过得有意义。

学会宣泄，用呐喊法消除情绪垃圾

我们都知道，快乐的心情可以成为事业和生活的动力，而恶劣的情绪则会影响身心健康。然而，现代社会，人们为了生活四处奔波，工作和生活的压力常常使人们喘不过气来，人们急切地希望能找到一种能帮助自己清理情绪垃圾的方法。

情绪是一把双刃剑。当情绪被我们牢牢地掌握时，我们就随时可以让坏情绪远离我们。无论顺境逆境、成功失败、得意失意，我们始终能保持冷静的头脑，从容面对，对眼前的事泰然处之，体现自己的修养和品质。但当情绪占据了我们的头脑时，我们便沦为了情绪的奴隶。而实际上，最终结果如何，还要看我们潜意识的选择。

不知你是否发现，在你工作和生活的周围，有不少这种修养良好的人，他们对世间万事万物都能泰然处之。这并不是因为他们没有情绪，而是因为他们能找到及时宣泄情绪的方法，其中就包括呐喊这种方法。当他们把内心的不快喊出来的时候，心情也就得到了极大的放松。这样的人也能得到他人的认可，因为他们不会让自己的负面情绪伤害到身边的人。同时，他们也成就了自己良好的修养和品质。

　　莉莉和方芳都是20出头的女孩，在同一家公司上班，两个人关系很好，可是两个人在公司的人缘却不一样。莉莉在公司里的人缘很好，待人和善，同事几乎没人看过她生气。可是，方芳却是个把喜怒哀乐都挂在脸上的人，和很多同事都闹过矛盾。

　　有一次，方芳去莉莉家玩，却发现她正在楼顶上对着天上飞过来的飞机吼叫，于是就好奇地问她原因。

　　莉莉说："我住的地方靠近机场，每当飞机起落时都会有巨大的噪声。后来，当我心情不好或是受了委屈、遇到挫折，想要发脾气时，我就会跑上楼顶，等待飞机飞过，然后对着飞机大吼。等飞机飞走了，我的不快、怨气好像也被飞机一并带走了！"

　　怪不得莉莉的脾气这么好，原来她知道如何适时宣泄自己的情绪。这下子方芳终于明白了莉莉脾气好的原因。莉莉还告诉方芳很多可以发泄情绪的方法，如到无人的地方大声呼喊、在安静的房间看书等，这些方法能让自己能够不把这些情绪带到公司和其他场合。

　　从此以后，方芳就尝试着用这些办法发泄自己的不良情绪，为自己的不良情绪找到一个出口，疏通心中堵塞之处。很多时候，她带给大家的都是欢乐，而不再是不良情绪，这让她在公司的人缘一下子好了很多，她的修养也提升了很多。

可见，呐喊法对释放不良情绪的作用不容小觑，当然，在宣泄情绪的同时，我们需要注意的是：

1.尽量选择无人的地方呐喊

你当然不能在办公室、家中呐喊，因为这会影响到他人的工作和生活。

2.不要把负面情绪带到工作和生活中

当你宣泄完情绪以后，要暗示自己：我的心情已经好多了，不必再苦恼了。如果你真的这样想，那么，你的心情也会随之好起来。

人们的情绪被压抑久了以后，会化为宣泄的冲动。我们常有控制不住地想喊出来的感受，而且对自己的这种内心冲动感到极为紧张，担心一旦控制不住就会真的叫喊起来。实际上，此时寻找一个无人的区域呐喊，会是一种很有效的宣泄方式。

主动屏蔽"干扰",不给潜意识受刺激的机会

你是否经历过以下场景:下班后,你需要留下来赶点工作,但同时是你竞争者的同事却一直在给你打电话,约你去喝一杯。你该怎么办?是继续加班还是经不起他的诱惑?如果你选择后者,那么,这只能说明你是个容易被他人影响的人。这些容易被影响的人,通常也是情绪化的人,他们的潜意识会不断接收到来自外界的刺激,别人的一言一行都会影响他们,进而让他们的内心无法安宁。

那么,如何避免这一问题呢?其实,你应该提醒自己,要学会"关上"自己的耳朵。听不到来自外界的闲言碎语,也就少了情绪上的干扰。

的确,我们工作与生活的世界本身就有条不紊在有规律地运行,只要正常运转,一切都会秩序井然,按部就班。就像一台计算机、一架飞机、一台机器,如果操作正常,控制良好,就能发挥它们的正常作用。人的情绪也如同机器,一旦失控,就不能正常运转,最终会导致人们陷入失败的沼泽。在生活中,那些生气所带来的恶劣情绪会挑拨起内心的冲动,而冲动的结果将会令我们更加生气。这样

一来，负面情绪就会形成一种恶性循环，从此一发不可收拾。只有远离生气，抑制内心的愤怒情绪，我们才可能变得开心。

其实，只要不存在原则上的对立，我们就没必要战争，没必要对抗，更没必要老死不相往来。人生需要智慧，必须用智慧和能力去解决问题。不消灭对方或结束彼此之间的关系，而是给自己和冲突方最大的回旋余地，何乐而不为？一笑而过、沉默不语未必不是一种更好的还击方法。

事实上，不少人都有个通病——缺乏自控力，常常会被周围的人和事影响。诚然，扰乱你心绪的因素有很多，但你要懂得避开，懂得"关"上自己的耳朵。

总之，我们每天都要保持乐观的心态，对世俗复杂环境中的问题能避开的就避开，这样才能减少很多烦心事，让自己心情愉快。

从潜意识控制你的愤怒情绪

日常生活中，谁都会出现愤怒情绪。可以说，愤怒是一种大众化的不良情绪，需要我们对之进行调节。美国的一位心理专家说："我们的恼怒有80%是自己造成的。"他把防止愤怒的方法归结为这样的话："请冷静下来！要承认生活是不公正的。任何人都不是完美的，任何事情都不会按计划进行。"这就是一种潜意识的调节。积极的潜意识会让我们做出积极的举动，而消极的潜意识会让我们被愤怒控制，做出冲动的事来。

所以，我们可以从潜意识控制自己的情绪。当你遇到不快的事情、即将发火时，请告诉自己：如果我原谅他了，我的品质又提升了一点，自然就压制住了要发火的倾向。

其实，聪明的人都知道，即使生气了也挽回不了什么，反而徒增许多怨气，而且，他们也知道，心情是可以通过潜意识来调节的。于是，他们选择了不生气。而那些愚蠢的人总是只看到事情的表面，凡事都喜欢生气，总认为生气是自己的专利。殊不知，时间久了，生气可能会成为自己的习惯。做一个聪明的人，还是愚蠢的人，关键是看自己如何选择。

英国著名作家培根曾经说："愤怒就像是地雷，碰到任何东西都会一同毁灭。"如果你不注意培养自己忍耐、心平气和的性情，一遇到导火索就暴跳如雷，情绪失控，就会把你的人缘全都炸毁。

的确，每个人每天都会遇到一些容易让我们愤怒的事，但是聪明人都善于以正确的方式排解心中的不快，而不是将情绪传染给身边的人，让他们成为情绪发泄的对象。面对愤怒情绪，我们可以从潜意识进行控制。

那么，怎么做才能完美地处理愤怒的情绪呢？

1.认识自己发怒的原因

当你的情绪稍微冷却下来以后，你可以试着认识自己发怒的原因。你是不是因为别人总是对你的体重或发型冷嘲热讽而气恼不已？你是不是因为朋友在背后说了你的坏话而愤怒？你需要预先想好发生这些情况时消除怒气的方法。

2.使用建设性的内心对话

许多怒火中烧的人不分青红皂白责备任何人和事：什么车子发动不了啦；孩子还嘴啦；别的司机抢了道啦之类。使怒气挥之不去的是你自己消极的思维方式。既然思维方式是导致负面情绪的主因，那么，如果你是个容易愤怒的人，你就应该加强内心的想法，准备一些建设性的思维方式以备不时之需。例如,"我在面对批评时,不会轻易地受伤""无论如何,我都要平静地说,慢慢地说"等。

当你能熟练地运用这些方法时,你就会发现,自己花在生气上的时间越来越少,而花在完成工作上的时间越来越多了。这个方法十分有用,只要你肯去尝试。

3.不要说粗话

你一旦开口辱骂,就把对方列为了自己的敌人。这会使你更难为对方着想,而互相体谅正是消除怒气的最佳秘方。

总之,生气的情绪对我们来说,犹如一颗定时炸弹,将严重影响我们的正常生活,使生活失去原本的平和与美丽。所以,我们需要告诉自己:"发火前长吁三口气。"事实上,很多事情都没有想象得那么严重。如果不学着控制自己的情绪,由着性子大发脾气,不仅解决不了问题,还会伤了和气。

第10章
潜意识与情绪：掌控情绪，而不是被情绪掌控

保持理智，冲动是魔鬼

生活中，每个人都是情感动物，有着各种各样的情绪。人的情绪能左右人的思想和行为，而人的思想和行为又会受到潜意识的影响。所以，当每个人的思想与情绪相矛盾时，情绪往往会战胜思想，进而做出违背自己意愿的行为。然而，心理学家称，潜意识中的情绪并不是本身就存在的，负面情绪的产生是出于对自己的保护。这种负面情绪如果得不到释放和化解，将会产生各种负面的影响。

不少人的情绪常常会被周围的人和事影响，有些人是情绪化的，他们的情绪似乎总是不受自己控制。于是，他们起伏于这种恶性失衡之中，常常陷入自相矛盾的境地，失去正确的判断力。而那些成功者则能做到自控，有着很强的自律能力，无论外界环境怎么变化，他们总是能以理智的心态面对。生活中的人们，也许现在的你年轻气盛，容易冲动，但请记住：冲动是魔鬼，会让自己一败涂地。从现在起，一定要做到自制，理智地思考并克服自己的情绪。

其实，激动本身并没有任何破坏性，但在激动的情况下，人们容易做出失去理智的事。不理智的行为带来的负面

影响可能远远大于我们的想象。

薇琪是一家外企公司的职员，她心地善良，受到很多同事的欢迎。可是令她不明白的是，为什么许多和自己一起进公司的同事都晋升了，而自己还在原来的位置上。

有一次，公司准备派一个女职员去接待合作公司的代表，薇琪想："这次该是我去了吧，我是公司外语最好的，没有理由不让我去。"可是公司还是没让她去，而是让一个新手去了。这让薇琪很不舒服，她觉得忍无可忍了，准备找主管问清楚。正当她准备走进主管的办公室时，她在门外听到了主管和经理的对话。

"经理，这样不好吧，薇琪的确能力挺强的，这次是不是太伤她的心了。"

"就她那个火暴脾气，万一她和合作方的代表两句话不对头吵起来怎么办，我可不能让她砸了公司的生意。你们有时间也多去劝劝薇琪，让她改改自己的脾气，能力好也不能总情绪化，这是我们公司员工必备的素质和修养。"

这些话被门外的薇琪听见了，她终于知道自己的致命弱点了，怪不得以前大家都说在这家公司必须得有个好性子，否则别想升职，她总算是明白了。

后来，薇琪尝试着控制自己的情绪，每当要发作时，她都会选择以写字的方法来转移情绪。当她写了满满一页纸的时候，心情也就好多了。一段时间以后，她的谈吐果然不一样了，整个人的气质也由内而外改变了很多。这些改变也被领导看在了眼里，她的晋升梦实现了，更关键的是，她的品质和修养也得到了提升。

人类最大的敌人永远是自己，坏情绪就像弹簧，假如你一次又一次地后退，坏情绪就会一次又一次地前进，直到最终占据你心灵的高地，全盘操纵你的一切，你的正义、勇敢、进取、积极、坚毅的品格全都会遭受最无情的打击，直至消失殆尽。最终，你可能会走向失败和颓废。

生活中的人们，一定要记住，在任何时候冲动都是我们最大的敌人。如果忍耐能化解不该发生的冲突，那么忍耐永远是值得的。

其实，有时候周围发生的事和我们并无多大关系，不要让别人的言行激起你的负面情绪。例如，你穿了一件漂亮的衣服去上班，同事看到了没称赞你的衣服漂亮，你的心情马上大打折扣。其实，仔细想想，很多事我们都不必太过计较，大度一点，坏情绪就不会出现，也不会掌控我们，我们也就能更显从容和优雅。

情绪转移，把负面情绪从潜意识中放走

你在生活中是否遇到过这样的情况：一大早，6点的闹钟就把你惊醒，因为8点之前你就要到公司，而你还必须在今天的会上发言。正当你为此不安时，家里的猫咪却不小心打翻了你的早饭，你更是火冒三丈，眼看着就要失控了。你好不容易赶到办公室，却发现自己已经迟到了，你的名字被挂在了迟到者的名单上，这个月的奖金又没了。你心里倍感委屈，生活怎么这么艰辛？

其实，在生活和工作中，这种让你产生负面情绪的事情实在太多，孩子不听话、同事不合作、上司没来由的批评等，都会成为负面情绪的导火索。此时，如果处理不当，就很有可能产生不好的结果。

当然，如果一味地压制这些情绪，问题并不会因此解决。而且，积压在身体内部的负面情绪不利于我们的身体健康，如引发头痛、胃病等，所以压抑绝不是处理愤怒的最好方法。

心理专家指出，人的潜意识是所有记忆的仓库，情绪一旦被潜意识接收，就会产生相应的行为。所以，我们有必要选择合适的方法，把负面情绪从潜意识中放走，其中一个方

法就是转移法。

的确，坏情绪可能使我们变得盲目、冲动、急躁、易怒，生活的常规被改变，人生的帆船在飘摇，于是失落、伤感、沮丧、绝望接踵而至，我们甚至会歇斯底里，最终被情绪逼进死胡同。其实，谁都有坏情绪，面对坏情绪，只要我们学会调节，就能及时消除。

琳达在一家外企工作，平时工作很忙，也难免与客户或同事产生一些摩擦，但她有一套调整情绪的方法，这个方法得益于一年前的一件事。

刚进入公司时，她是公司的一名小职员，受到同事们的轻视。后来，她忍无可忍，决定离开这个公司。临行前，她把公司里每一个人的缺点都写在纸上，将他们骂得体无完肤。骂完后，她的怒气逐渐消去，决定继续留在公司。从那次以后，每当心中充满愤怒时，她就会把满腹的牢骚写在纸上，这让她立刻感觉轻松不少，就像一个被放了气的皮球一样。这些纸条一直被她隐藏起来，从不拿给别人看。后来，同事们知道她的这种宣泄怒气的方法后，都觉得她极有涵养。上司知道后，也对她青睐有加。

故事中琳达调整情绪的方法值得每个人学习。生活中难免会遇到一些不顺心的事情，不快的情绪如果没有及时得到排解，将会有害身心健康。但是，假如我们只要遇上不顺心的事情，就将自己不快的情绪发泄到家人或朋友身上，又会伤害身边最亲近的人，甚至影响家庭成员或同事间和睦的关系。其实，当出现不良情绪时，我们可以将注意力转移到其他活动上，忘我地去干一件自己喜欢的事，如练习书法、打球、上网等，从而将心中的苦闷、烦恼、愤怒、忧愁、焦虑等不良情绪宣泄出来。

那么，我们可以怎样转移注意力，排遣不快乐呢？

1.倾诉

倾诉可以让人取得内心情感与外界刺激的平衡。当遇到不幸、烦恼和不顺心的事时，切勿忧郁压抑，把心事深埋心底，而应将这些烦恼向你信赖的、头脑冷静的、善解人意的人倾诉，或者自言自语，甚至对身边的动物讲。

当然，你所倾诉的对象必须有一定的抗压能力。有专家建议："无论是朋友，还是亲人，你都可以依赖。但是，你必须找到在你压力大时，真正能帮助你的人。"如果你的朋友的抗压能力还不如你，那么，可想而知，对于你的苦恼，他是帮不上忙的，他的心情甚至也会被你影响。

2.读书

读自己感兴趣的书，或那些使人轻松愉快的书。读书时可以漫不经心，随便翻翻。一旦读到一本好书，人们往往会爱不释手，将尘世间的一切烦恼都抛到脑后。

3.求雅趣

雅趣包括下棋、绘画、钓鱼等。从事你喜欢的活动时，不平衡的心理自然逐渐得到平衡。一旦活动开始进行，大脑中便没有烦恼的立足之地了，人的全部注意力都集中到了工作上面。

4.做好事

做好事，可以获得快乐，平衡心理。做好事，内心可以得到安慰，让人感到踏实；别人做出反应，自己则会得到鼓励，心情愉快。从自己做起，与人为善，这样才会有朋友。在别人需要帮助时，请伸出你的手，施一份关心给他。仁慈是最好的品质，你不可能去爱每一个人，但你可以尽可能和每个人友好相处。

每个人都有不良的情绪，这很正常，但我们千万不能将负面情绪压抑在心中，因为一味地压抑心中的不快，只能暂时解决问题，负面情绪并不会消失。久而久之，这些负面情绪就可能填满你的内心世界，使你的身心越来越疲惫。因此，除了自我调节和消化外，你还应该学会转移情绪，让负面情绪尽快释放出来，这就是所谓的"堵不如疏"。

从潜意识调整心理状态，让自己积极起来

当意识做决定时，潜意识则会做好所有的准备。换句话说，意识决定了"做什么"，而潜意识将"如何做"整理出来。意识就像冰山浮出水平面的一角，而潜意识就是埋藏在水平面下很大、很深的部分。

所以，要想得到快乐，请每天早上想想令你得意的事情，不要将注意力集中在烦恼上。

现实生活中，我们难免会遇到一些影响情绪的问题，但只要积极面对，相信自己能成功，相信自己能获得快乐，我们最终就能获得成功、获得快乐。

有一天，在某个公交站牌处，一个小女孩和妈妈起了争执。

小女孩有点生气地对妈妈说："我就要去海边玩，为什么你不让我去！"

妈妈劝她说："不是早说过了吗，今天出太阳了咱就去，但今天没有出太阳啊，而且天气预报说要下雨呢，还是改天再去吧。"

"妈妈骗我，今天出太阳了……"

妈妈笑了起来,问道:"哪里有太阳啊,你说说,太阳到底在哪儿?"

小女孩抬起头来,东看看西瞧瞧,然后指着天空喊:"太阳不是在那儿嘛。"

"那只是乌云而已呀。"

"对呀!"没想到,小女孩用一副非常认真的样子说道:"太阳就躲在乌云的后面呢,等一会儿乌云走开,不就出来了吗?"

听到小女孩的话,所有等车的人都笑了。

对于积极的人,太阳每天都在天空中,虽然有的时候我们看不见它,那是因为它正躲在乌云的后面,而乌云总有散开的时候,就如人生总有诸多的幸福会接踵而来一样。对你来说,你是怎样看待乌云密布的呢?如果你也能看到乌云背后的太阳,那么,你就是一个积极的人。

事实上,人的潜意识是能选择快乐的,一个人快乐与否,取决于他对人、事、物的看法。思想影响生活。如果我们想的都是欢乐的念头,我们就会感到欢乐;如果我们想的都是悲伤的事情,我们就会感到悲伤。人生在世,快乐地活着是一生,忧郁地过也是一生,我们应该选择快乐还是忧郁?想要快乐,我们就要不断地培养自己乐观的心态。远离悲观,这既是一种生活艺术,又是一种养生之道。

生活中，我们经常听到有些人说"点头微笑，低头数钞票""和气生财""家和万事兴"之类的话，这充分说明了一个道理：只有时时保持积极的人生态度，才有获取成功的希望。我们只有在心里列出一道积极的心理公式，才能得出幸福的结果。因为我们的人生需要用心来描绘。无论自己处于多么严酷的境遇之中，心头都不应被悲观的思想萦绕，我们应该让自己的心灵变得通达乐观。

的确，积极者看人生都是"鲜花开放"，而悲观者看人生，则总是"悲秋寂寥"。譬如，同样是春雨霏霏，有人看到的是雨中漫步的浪漫，有人想到的却是潮湿天气带来的不便。同样是满天繁星，积极的人可在茫茫的夜空中读出星光的灿烂，增强自己对生活的自信；而消极的人则让黑暗埋葬了自己，而且越埋越深。罗根·史密斯说过这样的话："人生应该有两个目标，第一，是得到自己所想要的东西；第二，是充分享受它。只有智者才能做到第二步。"

同样，生活中的人们，无论过去遇到过什么磨难，你都要学会自我调节，这样，在未来荆棘密布的人生道路上，无论命运把你抛向如何险恶的境地，你都能做到积极、快乐地生活！对此，我们可以这样调整自己的心理状态：

1.相信自己能做到

认为自己做不到，只是一种错觉。悲伤是一种消极的情绪，它会让你产生挫败感，让你认为自己什么都做不到，而实际上，很多时候，在你感到绝望时，希望就在前方等着你。因此，只要你放下悲伤，以积极的心态面对生活的挑战，你的生命就有无限的可能。

2.相信自己能得到幸福

相信自己能够成功，往往就能成功，这就是人的心理在起作用。同样，一个人总想着幸福，就容易感到幸福；总想着不幸，就可能感到不幸。人们常说的心想事成，就是这个道理。

总之，我们每个人在生活中都有可能遇到一些不顺心的事，也有可能遇到重大挫折，而积极是生活的一味良药。伤心的时候乐观一点，孤独的时候去寻找快乐，热情而积极地拥抱生活，幸福就会无声地降临到你的身边。

参考文献

[1]蒙洛迪诺.潜意识：控制你行为的秘密[M].赵崧惠，译.北京：中国青年出版社，2013.

[2]爱德华滋，雅各布斯.意识与潜意识[M].贾晓明，译.北京：北京大学医学出版社，2008.

[3]墨菲.潜意识的力量[M].吴忌寒，译.北京：光明日报出版社，2014.

[4]石井裕之.瞬间让自己与众不同——潜意识挖掘术[M].汪婷，译.北京：电子工业出版社，2014.

[5]张国庆.解码潜意识[M].北京：中国纺织出版社，2013.